図0-4　NASAのSDO衛星に搭載された紫外線望遠鏡で見た9月10日のフレア（左）と、Hα線という水素の出す光で見た、フレア後に冷えて落ちて来るプラズマの姿（右）。（NASA/GSFC/SDO、国立天文台）

度にもなる高温のプラズマ（高温のために原子から電子が分離した状態）が放つ光をとらえたのである。このフレアはだんだん暗くなりつつも十数時間の間輝き続け、翌11日の朝には輝いていたプラズマが冷えて落ちて来る姿がとらえられた（図0-4右）。

太陽は地球から見ると約27日で1回転するので、太陽の向こう側へ消えていった黒点は約2週間後に再びこちら側に現れる。9月の下旬になって我々が目にしたのは、巨大なフレアを起こすような黒点ではなく、9月初めと同じような、平凡で小さな黒点だった。

社会のインフラに影響を与える

このような黒点やフレアの様子は、筆者らが運用している国立天文台の望遠鏡でも、また各国の天文台でも、さらに日本を含む各国の人工衛星の望遠鏡でも、とらえられていた。太陽は天文学の研究対象なので、望遠鏡でとらえられるのは不思議ではないのだが、それではなぜ、世間一般から最もかけ離れているように見られている天文学上の出来事がマスコミで大きく報じられるのか？　もちろん、太陽は私たち人類に恵みをもたらす存在だが、単にいつも同じように光っているというだけではなく、「太陽嵐」と表現されるような大きな爆発を起こした時には、文明社会に災害をもたらす面も持っているからである。

今は各国で、太陽の活動状況に「太陽嵐の発生」といったような異変があれば、それを分析して報じる「宇宙天気予報」の取り組みが進んでおり、日本では情報通信研究機構が担っている。２０１７年９月のフレアでもいち早く、７日に先ほどの「通常の１０００倍のフレア」という最初のプレスリリースを出したのを始め、続報を次々と発表し、注意喚起をしている。

太陽フレアでは、フレアの強烈な輝きだけでなく、太陽から惑星間空間へ噴出するプラズマ塊が地球に飛んで来ることにより、文明社会に重大な影響が発生する。９月７日にはすでに、６日のフレアで噴出したプラズマが８日には地球をかすめるという予測が発表されてい

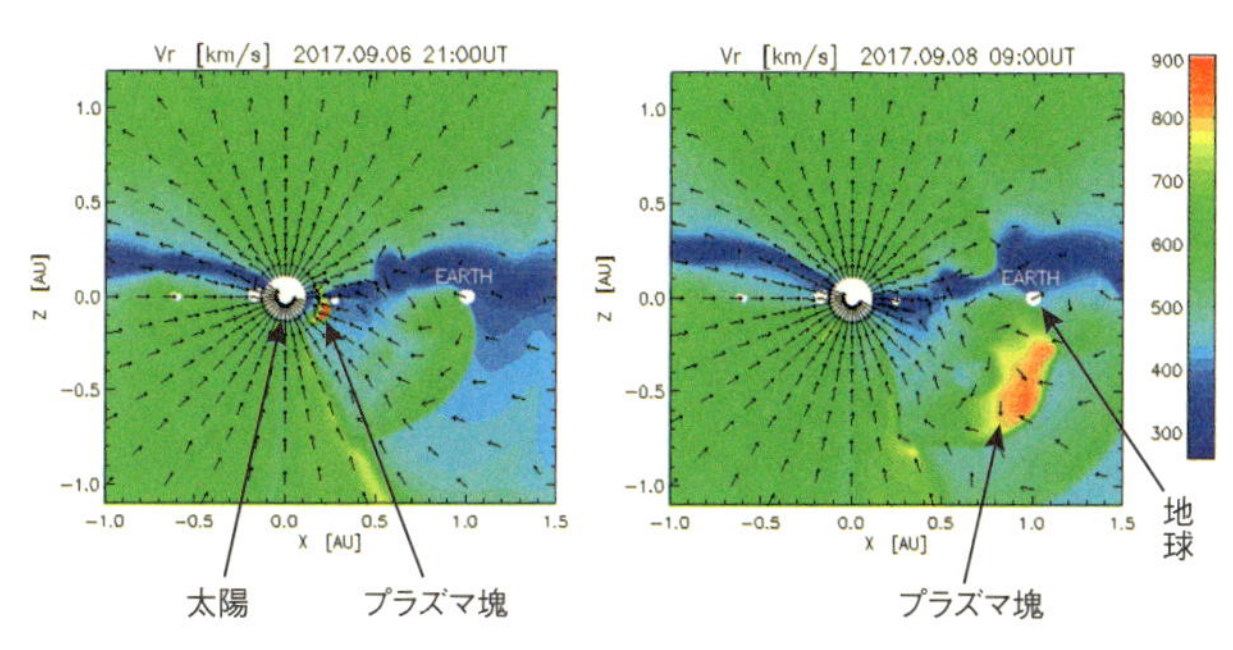

図0-5　9月6日のフレアの後で放出されたプラズマ塊が太陽系を飛んでいく様子の計算機シミュレーション。左図ではまだ太陽の近くにいたプラズマ塊が、36時間後の右図では地球軌道にまで到達している。ただ、プラズマ塊は地球をかすめるものの、最も濃い部分はぶつかっていない。(情報通信研究機構)

た（図0－5）。

気象の天気予報と異なり、このような宇宙天気予報を注視しているのは、特に電力や通信を中心とする社会インフラの関係者である。さらに現在では、災害という観点から保険会社もそこに加わっている。

幸い、この時は心配されたほど重大な影響は出ずに済んだ。しかし過去には、後で紹介するように、フレアがインフラ関係などで深刻な事態を引き起こすという例が現実にあった。

太陽物理学

さて、宇宙の天気を予報するからには、まず、フレアそのもの、そしてフレアに至る過程の物理的なしくみを知ることが重要である。これを担うのが、筆者の専門でもある、天文学の一分野としての太陽物理学である。研究は着実に進んでおり、フレアや、後で紹介する「コロナ質量放出」といった現象の物理過程の理解は大きく進歩していて、日本の研究者も、観測・理論ともに顕著な貢献をしている。黒点は磁石のようなものであり、フレアはその磁場のエネルギーが熱などに急激に変わるものだが、筆者自身、フレアを起こしている磁場構造の研究から、自ら観測装置を作って太陽磁場が示す様々な様相をとらえる研究を進め、今はフレアやコロナ質量放出に至る磁場の変化を直接とらえることに挑んでいる。

しかし、今回の黒点・大フレアは、我々にはまだ知らないことが多いという事実を痛感させるものとなった。太陽の黒点は11年の周期で増減していて、２０１７年というのは、その前に黒点数がピークとなった２０１４年から3年も経っていて、黒点が大きく減っていた時に当たる。まったく黒点が見えない日も珍しくないほどになっていた。

フレアはたいてい黒点周辺で起こるため、しばらくの間フレアの活発な活動は想定できない状況だった。しかも、フレアを起こした黒点は、8月以降ずっと小さな黒点としてとらえられていたものである。先に紹介したように9月初めまで小さいものに過ぎず、大フレアの起きそうな気配はうかがえなかった。

しかし、太陽はその表面の下で、11年ぶりの巨大さとなったものも含む大フレアを連発するほどの磁場を蓄えていたのである。

太陽の磁場が地球に影響を与える

このような、黒点やフレアのもととなる磁気活動は、太陽内部の「ダイナモ」と呼ばれる作用で発生するものだが、磁気活動は11年周期での変化のみならず、より長い時間尺度でも変化している。このゆっくりとした変化は、先ほどのフレアが社会インフラなどに影響するのとはまったく違った面で地球に影響すると考えられている。地球の気候の変動要因のひとつとして、太陽の磁気活動の増減が挙げられているのである。

実は、最近40年ほどの間、黒点活動はだんだんと衰えている。先のフレアは、11年ぶりという最近では珍しい大きさのものだったが、これを超える規模のフレアは、２０００年頃に黒点が増えた時期には7個も発生している。この最近の太陽活動の変化が気候に影響するものなのかどうか、また今後の長期的な太陽活動はどのようになっていくのか、これからの地球の気候変動を考える上で大きな関心が持たれている。

地球上のエネルギーはほとんど太陽からのものなので当然ではあるのだが、太陽が変動すれば、地球の環境に様々な影響を与える。

その変化は、太陽の磁場が引き起こすものである。アメリカの天文学者ロバート・レイトンは、「もし磁場がなかったら、太陽は、多くの天文学者がそう考えているように退屈な星であっただろう」という、この業界では有名な言葉を残している。レイトンは、第5章で紹介する「5分振動」と呼ばれる現象を発見し、「超粒状斑（ちょうりゅうじょうはん）」という第2章で紹介する太陽内部の対流の現れを初めて詳細に観測するという、太陽物理学への重要な貢献をしている研究者である。

太陽が退屈な星というのは、逆にいえば太陽は変わらない恵みをもたらす存在ということであって、地球上に暮らし、それを享受している我々人類にとっては本質的に重要なことである。

一方で、太陽は磁場を持つ存在でもある。それが今、太陽の変動を引き起こし、天文学者にとって退屈ではない星になっているにとどまらず、人類の文明、地球の環境に大きな影響を及ぼしているという面が、社会の中で注目され始めている。

いつ、何が起きるかを知るために

筆者らの研究の中でも重要な部分が、その磁場を柱とした太陽の観測である。太陽でいつ巨大なフレアが起こるのかはまだ十分には分からないところがある。そのため、地球に多大な影響を及ぼすフレアを見過ごさないよう、観測データを蓄積し続けることが謎の解明につながっていく。また、将来の太陽活動はどうなるのかを知ることができるようになるために、長期にわたって太陽活動を理解するには、まず長期にわたる観測データを得ることが必要となる。

我々が今までの観測の蓄積を受け継ぐことで研究を進めることができたように、我々自身も間断なく新しいデータを加えることが、将来謎を解明することにつながる。本書の中でも、世界各国で得られた画像・データを紹介しているが、筆者自身が携わった装置による観測も、また先輩たちが残した観測データもふんだんに使わせてもらっている。これからも、いつ起こるか分からないフレア、そしてどのように変わっていくのか分からない太陽活動をとらえていきたいと考えている。

本書では、一見、いつも同じように輝いている太陽が、実は変動するものであることを人類はどのように知っていったのか、また、その変動が地球・人類にどのように影響するものであるのかを紹介していきたい。本書では、まだまだ研究途上で分かっていないことも紹介したが、現在の我々の観測や研究が、将来その謎を解くのに貢献することを期待している。

太陽は地球と人類にどう影響を与えているか　目次

第5章　太陽活動の地球の気候への影響はどう議論されているのか

5・1　太陽の明るさは変わっている

地球温暖化の中で太陽が注目される／太陽の明るさは一定ではない／マウンダー極小期の太陽の明るさは／太陽は太古、今よりも暗かった

5・2　太陽活動の変動は磁場の変動

太陽活動で磁場が大きく変化する／大きく明るさが変わる紫外線・X線で見た太陽／銀河宇宙線の量の太陽活動による変化／銀河宇宙線は気候を変えるか

5・3　正しい太陽活動変動を理解する

地球起源の気候変動／黒点数と気温を比べてみると／正しい黒点数の変動は／改めて黒点数と気温を比べてみると／最近の黒点数はどのくらい少ないのか／太陽の内部を知る／太陽活動の将来は予測できるか

第1章

「変わる太陽」と「変わらぬ太陽」

1・1 「変わる太陽」の発見

太陽がなくては人間は生きていけない

太陽がどういう存在かといえば、そのおかげで地球上に生命が繁栄し続けてきた恵みの源泉である、というのが最も普通の答えだろう。

太陽は、直径が地球の109倍もあって、表面温度約6000度（絶対温度）で光り輝いている。そのエネルギー源は、太陽の中心で起きている、水素原子4個がヘリウム原子1個に変わる時にエネルギーを出す核融合反応である。

その太陽が放つエネルギーのうち、地球という小さな的に当たるのはわずか約20億分の1でしかないのだが、それでも太陽は地球と人類にとって最大のエネルギー源で、このエネルギーで生命は繁栄してきた。太陽エネルギーが地球上のエネルギーの99・97%をまかなっているといわれており、地熱などに加えて人類による化石燃料消費がエネルギー源として加わった現在でも、まだ太陽が圧倒的であることには変わりがない。

しかもありがたいことに、太陽は毎日決まって姿を現し、毎日同じように輝き、毎年同じ季節のめぐりをもたらす、「変わらぬ太陽」である。何しろ地球上のエネルギーのほとんどをまかなっているので、わずかな変動でも起きれば大ごとである。

しかし、そのわずかな変動さえもなく、いつも決まった規則的なふるまいをして毎年同じ稔(みの)りをもたらす存在として太陽は認識されてきた。この規則的なふるまいを正しくとらえることは農業には必須で、このために暦が作られた。太陽の一年間の動きをとらえるためには夜空の星との位置関係も利用したので、暦を作ることこそが天文学の始まりだった。浮世離れした学問の典型のように思われている天文学だが、その始まりは、生活に必須なところから生まれたのである。

昔の人は「変わらぬ太陽」を信じて生活していても、実際のところは、明日も本当に太陽は昇るのか、太陽はいつかなくなってしまわないのか——もしかするとそのように心配していたのかもしれない。

明日もちゃんと太陽は昇る、という答えが物理学として出たのが、ニュートン力学（運動の法則と万有引力）が成立した17世紀のことである。太陽はいつかその活動を止め、なくなってしまうのではないかというのは答えの出ない難しい問いだったが、20世紀の恒星進化論の成立で、太陽の余命は数十億年で、少なくとも近いうちになくなってしまう存在ではないということが分かった。

しかし今、太陽は一方で「変わる太陽」たる変動する存在でもあると認識されている。また、地球は圧倒的なエネルギーを持つ太陽の変動に翻弄(ほんろう)されており、それが時として災害の原因ともなることが分かってきている。ただ、それが分かったのは、変わる太陽が地球に影響することが判明した19世紀以降、文明社会が発達してからの話である。さらに、時として災害を起こすといってもそれは最近の話で、地震や台風と違い、人類はその歴史のほとんどの期間、変わる太陽を恐れる必要はなかった。

実は肉眼でも分かる太陽の変化

地球に影響するかどうかは別として、太陽がのっぺりと輝いているだけの存在ではないことははるか昔から認識されていたらしく、紀元前8世紀頃には成立していたといわれる古代中国の書物「易経」に、肉眼で見えた太陽黒点と思われる記述があるのが最も古いと考えられている。また、「太陽に三足烏(3本足の烏)がいる」という意味と解される記述が古代中国の「淮南子(えなんじ)」という紀元前2世紀の文書にあり、これも太陽黒点のことと思われる。太陽

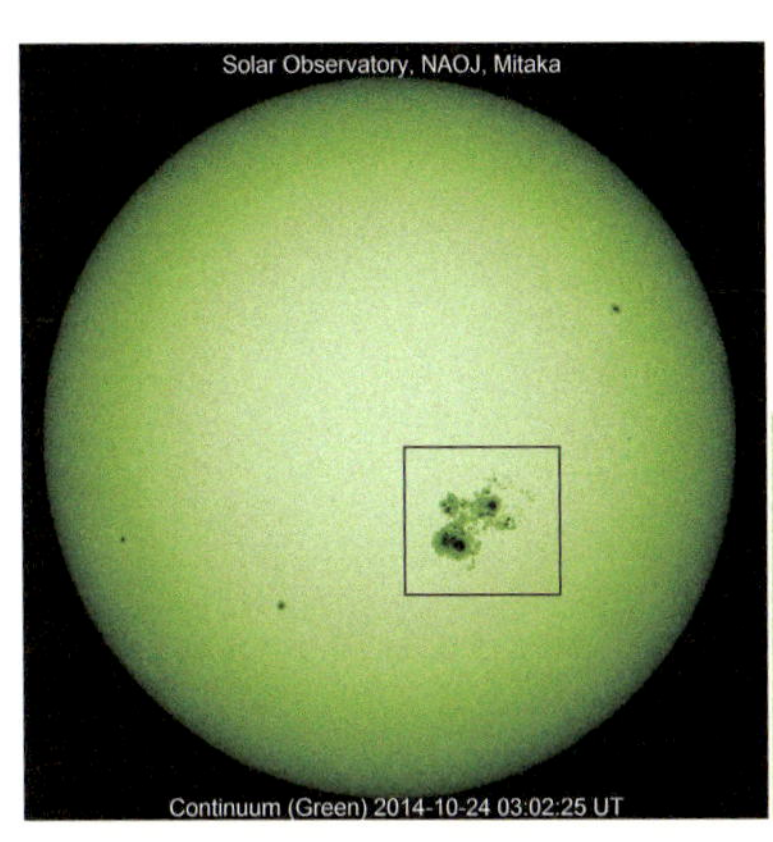

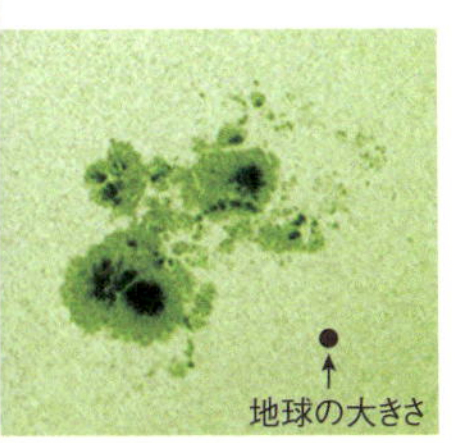

図１-１　2014年10月の大黒点。これくらい大きな黒点だと肉眼でも見える。拡大図には地球の大きさも示した。（国立天文台）

黒点は太陽の表面に点々と現れる黒いシミのようなもので、通常の太陽表面より温度が低いため、黒く見える。

たいていの黒点は太陽面上ではまさに小さな点のようにしか見えないが、実際の大きさは、通常の黒点でも地球１個分に相当するほどである。見かけは小さな点であるため、望遠鏡で見るものと思われているかもしれないが、時折肉眼でも見えるほどの大きなものが現れることもある。最近では特に大きなものが２０１４年10月に現れ（図１-１）、最も大きくなった時には地球66個分もの大きさになった。

私が勤務する国立天文台の本部キャンパスでは、毎年10月に特別公開といって一般向けに施設公開をする行事を行っているが、２０１４年

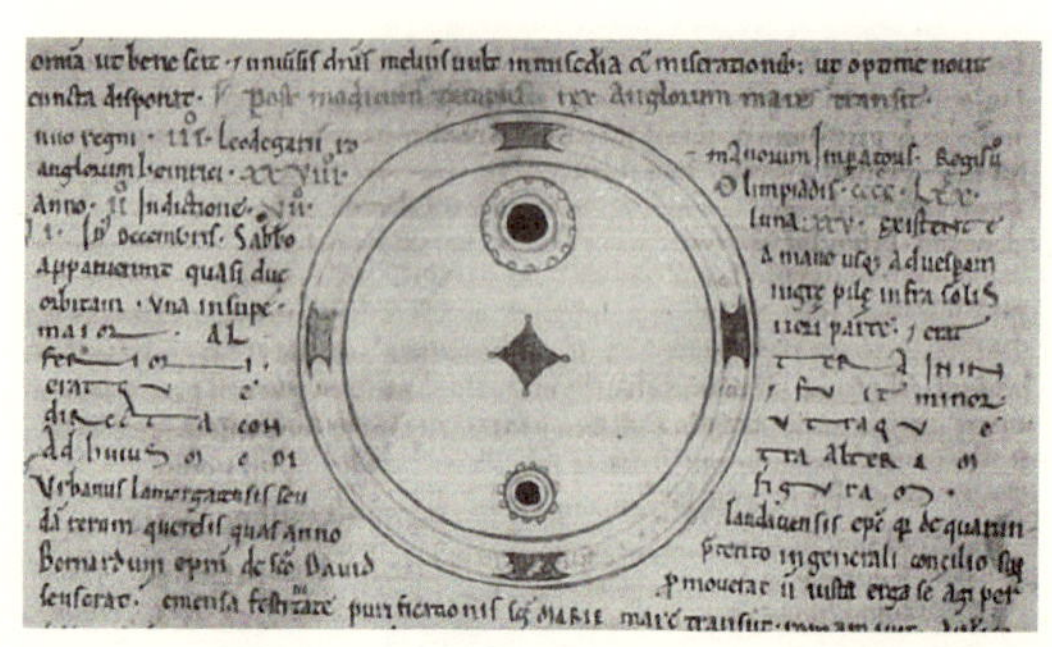

図1-2　イギリス・ウスターのジョンの年代記に記されている、1128年に記録された肉眼黒点。

はちょうどその当日にこの大黒点が見えていた。

通常は太陽望遠鏡を通して見た太陽の姿を来場者に紹介しているのだが、この時ばかりは、望遠鏡を使わず日食グラスを通して太陽を見てもらうことで、肉眼で黒点を見るという体験を多くの人にしてもらうことができた。

日食グラスとは太陽光を減光するように作られた特別に濃いサングラスのようなもので、太陽は直接肉眼で見ると大変危険なので、太陽が月に隠される日食を安全に観察するために用意されたものだ。この日食グラスは、もちろん日食以外でも使える。

望遠鏡はもちろん、日食グラスがなくても、朝夕に靄(もや)で減光されているような太陽であれば、そのまま肉眼で見ても大きい黒点なら見つけることができる。これを古代中国では「三足烏」と表現したのであろう。

その後も中国では黒点の出現が繰り返し記録されている。

中国ばかりでなく、日本や韓国、ヨーロッパでも記録があり、スケッチも残っている（図1－2）。当時、太陽そのものが変化しているととらえられたかどうかは別として、必ずしも太陽は単なる円盤としてだけ見えるわけではなく、見かけ上変化が起こっているということは知られていたようである。しかし、ただ見えたという以上にその変化の性質を知ろうとするには観測が間遠に過ぎ、それ以上の進展は望遠鏡の発明を待たなくてはならなかった。

望遠鏡の発明で見えたもの

望遠鏡による天体観測が始まったのは17世紀の初めである。望遠鏡の発明は、1608年に望遠鏡の特許を申請した、オランダのめがね職人ハンス・リッペルハイによるものとされることもあるが、同時期に他にも自分が発明したと主張する人がいた。しかも、望遠鏡らしきものが作られた記録は、もっと以前の16世紀、もしくは15世紀にもさかのぼるともいわれていて、はっきりしない。

望遠鏡は基本的にレンズ2枚を組み合わせて作る。レンズ自体は眼鏡としてはずっと以前から使われていたため、誰かが思いつきで2枚のレンズを組み合わせて眺めてみて、遠くのものが大きく見えるのに気がついたことがあったとしても不思議はない。

それはともかく、リッペルハイの発明がヨーロッパに広く知られたことがきっかけとなって各地で望遠鏡が作られ始め、1609年にはガリレオ・ガリレイが望遠鏡を天体に向け、月の表面が凸凹であることを発見している。

太陽の黒点は11年周期で増えたり減ったりしているが、ちょうどこの頃からしばらくは、黒点が多い時期に当たっていた。1610年12月に、イギリスの天文学者トーマス・ハリオットは太陽を観察し、望遠鏡で見た黒点の最古のスケッチを残している。ただ、自身でそれを出版することはなく、長らくの間、彼の観測は広く知られることがないままだった。ガリレオは、1610年夏頃には望遠鏡を太陽に向けて黒点の存在を確認していたらしいのだが、観測記録は残していない。彼は詳細な黒点の観測を行って記録していることでも有名だが、それはもっと後の話である。

その後、ドイツのファブリチウス父子が1611年に独自に黒点を発見し、継続した太陽の観測を行って黒点が太陽面上を移動していくことを見出し、太陽は自転している球であると結論した。直接望遠鏡で太陽を見てもまぶしくて危険なので、彼らは太陽表面を観察するためにまず早朝の減光した太陽を見ることから始め、ついでスクリーンに太陽像を投影する形の望遠鏡を作るという工夫をして観測している。彼らは、黒点が太陽の縁に近い時ほど(見かけ上)遅く、中心近くでは早く動き、太陽面を横切って端まで行って見えなくなってしばらくすると反対側からまた見えてくる、ということを発見した。

これは、一定速度で自転する球とともに黒点が動いているとすれば理解できるふるまいである。実際、太陽は地球から見て約27日で１回転しており、黒点は生まれたり消えたりするものだが、形が変化しつつも太陽の１自転以上の期間にわたって見えるものもある。

これは実は、太陽の形状を初めて明らかにした、画期的な発見である。地球や月が球であることはギリシャ時代に分かっていたが、太陽については、当時のキリスト教の自然観の中で観念的に、神が作った天体は完全無欠なものだから球形であるとされていただけで、それを実証できた人はそれまで誰もいなかったのである。

しかし一方で、太陽表面に黒点のようなシミがあるとすると、太陽は完全無欠な球ではない、ということになってキリスト教の考え方に反してしまう。太陽には黒点があって自転していると発表したのは息子の天文学者のヨハネス・ファブリチウスだったが、天文学者であるとともにキリスト教の牧師でもあった父のダーヴィト・ファブリチウスは、この結論に不賛成であったようである。

シャイナーによる黒点の科学的分析

またドイツのクリストフ・シャイナーも、やはり独自に黒点の存在に気づいて、1611年から観測を始めた。さらにその後、ガリレオが詳細な黒点の観測を始めている。シャイナーもガリレオも黒点が生まれたり消えたり形が変化したりすることに気づいていて、まさに太陽は見かけ上、日々変化していることを見出したわけである。

ガリレオは黒点が自転する太陽の表面に現れたものであると正しく認識していたが、シャイナーは長らく、太陽そのものに黒いシミなどなく、雲のようなものが浮いて回っていると考えていた。何しろシャイナーはキリスト教の修道会のひとつであるイエズス会の司祭で、本来天動説や天体は完全無欠の球だなどという当時のキリスト教の宇宙観と自らの発見の折り合いをつけなければならない立場にあった。したがってダーヴィト・ファブリチウス同様、太陽にシミのような模様があって回っていると認めるわけにはいかなかった。ただ、最終的にはシャイナーは自身の観測を正しく理解できる解釈をするようになったようである。

シャイナーは独立に黒点を見出し、その観測結果をガリレオより早く出版したのだが、ガリレオは、黒点は雲のようなものとするシャイナーの説に対して激しく反論したのみならず、

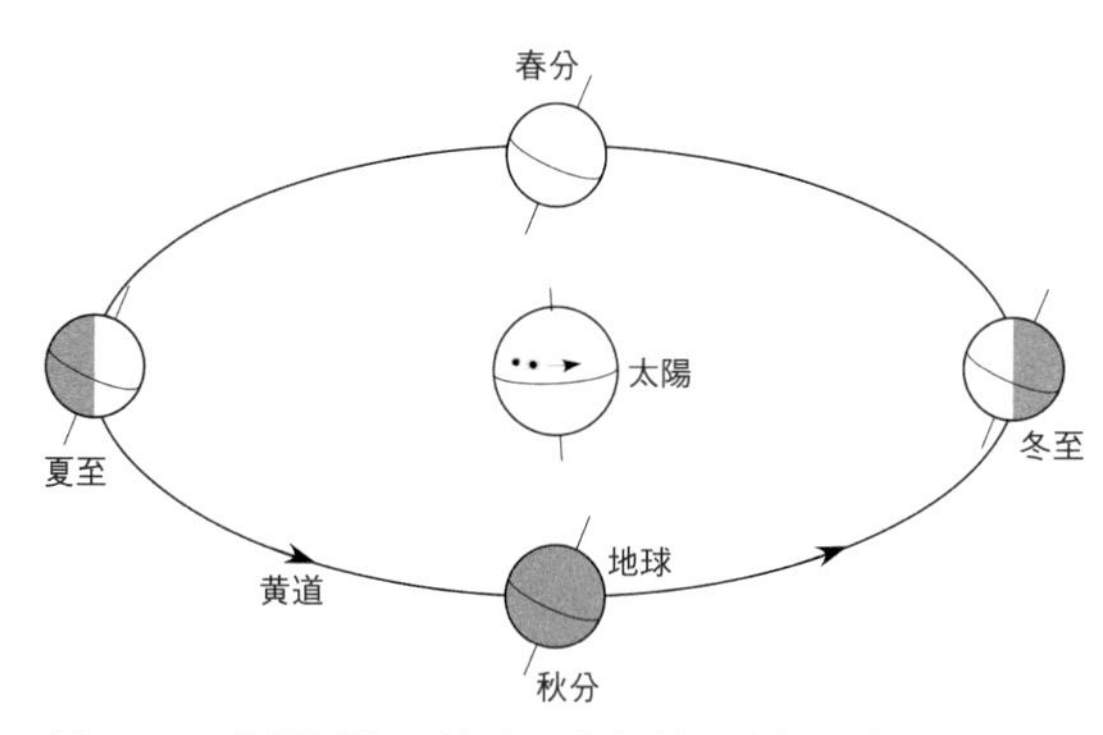

図1-3　黄道面と、地球の自転軸・太陽の自転軸の関係。それぞれ黄道面から傾いているため、地球から見た黒点の経路が季節によって変わる。

シャイナーは自分で黒点を見つけたといっているが、これは自分（ガリレオ）の発見を知った上で剽窃(ひょうせつ)したものであるという非難までして、深刻な対立を引き起こした。

シャイナーはガリレオよりはるかに長く15年以上にわたって黒点の観測を続け、しかも、ただ観測を続けただけではなく、科学的な分析も行っている。その結果、自転による黒点の経路の測定をもとに、黒点の回転軸、今でいう太陽の自転軸の方向をほぼ正しく求めた。

図1-3のように、太陽の自転軸は、地球が太陽の周りを回る軌道が通っている公転面（黄道面という）から約7度傾いており、また地球の自転軸も黄道面から約23度傾いているため、地球からだと太陽の自転軸は、左右に首を振りつつお辞儀

をしたりのけぞったりするように見える。

もちろん自転軸自体が見えるわけではないので、シャイナーは黒点が太陽面上を移動していく様子を注意深く観察して結論を導き出した（図1-4）。

また、黒点の自転周期が出現緯度によって異なっていることにも気がついた。これは現在「差動回転」として知られている現象（第2章で紹介）である。さらには黒点の「暗部」と呼ばれる中央の最も黒い部分が、その周囲の薄暗い「半暗部」と呼ばれる部分より凹んで見える「ウィルソン効果」と呼ばれるようになる現象にもすでに気がついていた（100年以上後になって再発見された）。

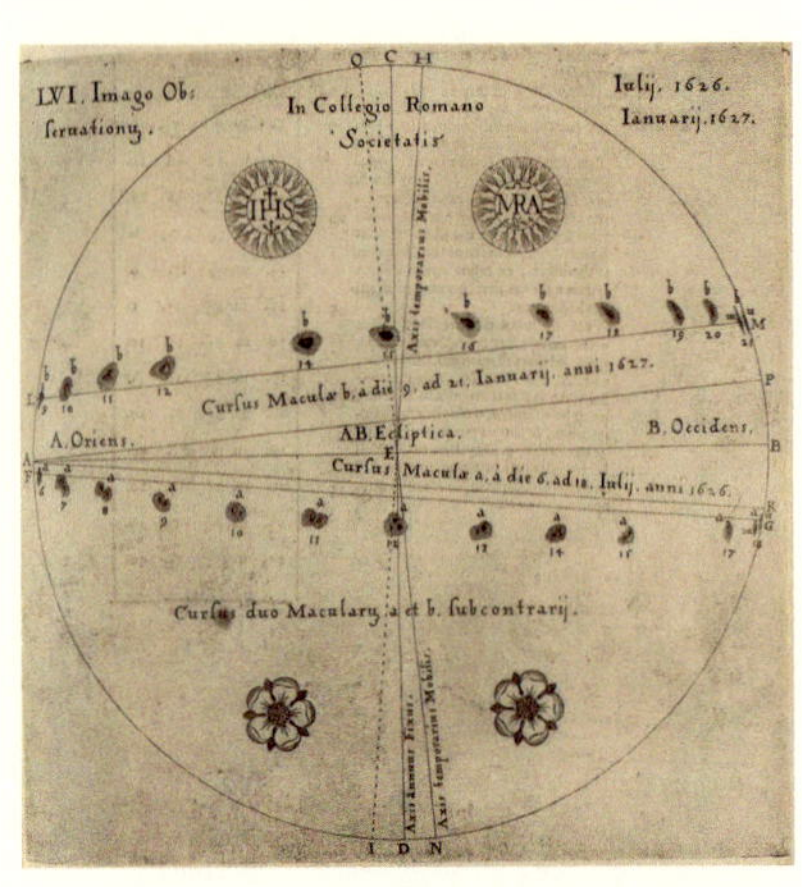

図1-4　シャイナーによる黒点の観測。季節による黒点の動きの違いを表していて、彼はこれから太陽の自転軸を求めた。(Scheiner, C. 1626-1630, Rosa Ursina, p.325、チューリッヒ工科大学図書館による公開、doi:10.3931/e-rara-556)

４００年にわたるデータ

さて、太陽には黒点が現れ、毎日変化するということが分かっても、当時としてはそれが太陽が変わらぬ恵みの源泉であることに影響するとは考えられなかった。それでも、シャイナーら以後も何人もの天文学者が黒点の記録を残している。

この頃は黒点の正体はもちろん、太陽の正体すら分かっていない。太陽を見た人々は、黒点の記録が実用上何かの役に立つなどと考えたわけではなく、ただ天界の姿を記録し、その真実を探ろうとしたのであろう。そのおかげで、我々は黒点の様子を、４００年前までさかのぼって知ることができるのである。

これら17世紀初め頃の観測の後しばらくの間、黒点がほとんど出現しない時期を迎える。これは「マウンダー極小期」と呼ばれる期間で（第４章で詳述）、その後、また黒点が現れるようになって現在に至っているのだが、17世紀初め以来、望遠鏡による黒点の観測があるおかげで、太陽活動にこのような大きな変動があることが分かっている。そして今、４００年にわたるデータは、太陽活動が地球に与える影響を探る上で、決定的に重要なデータとなっている。

1・2　黒点と太陽面爆発

黒点活動の周期性の発見

黒点が極めて少なかったマウンダー極小期が18世紀の初めに終わると、黒点についての理解は大きく進み始める。デンマークの天文学者クリスティアン・ホレボーは、1776年に黒点の増減が周期的である可能性を初めて指摘した。しかし、その詳細にまでは踏み込むことはできなかった。

現在、11年周期と呼ばれている黒点の増減を見出したのは、ドイツのアマチュア天文学者（もともと薬剤師）ハインリッヒ・シュワーベである。彼は1826～1843年のデータをもとに、現代のグラフに直すと図1-5のようになる統計結果を得て、およそ10年周期で黒点は増減していると1844年に発表した。

実は、シュワーベはもともと黒点の研究をしようとしていたわけではなく、水星より内側を回っている惑星を見つけようとしていた。このような太陽に近いところを回っている惑星

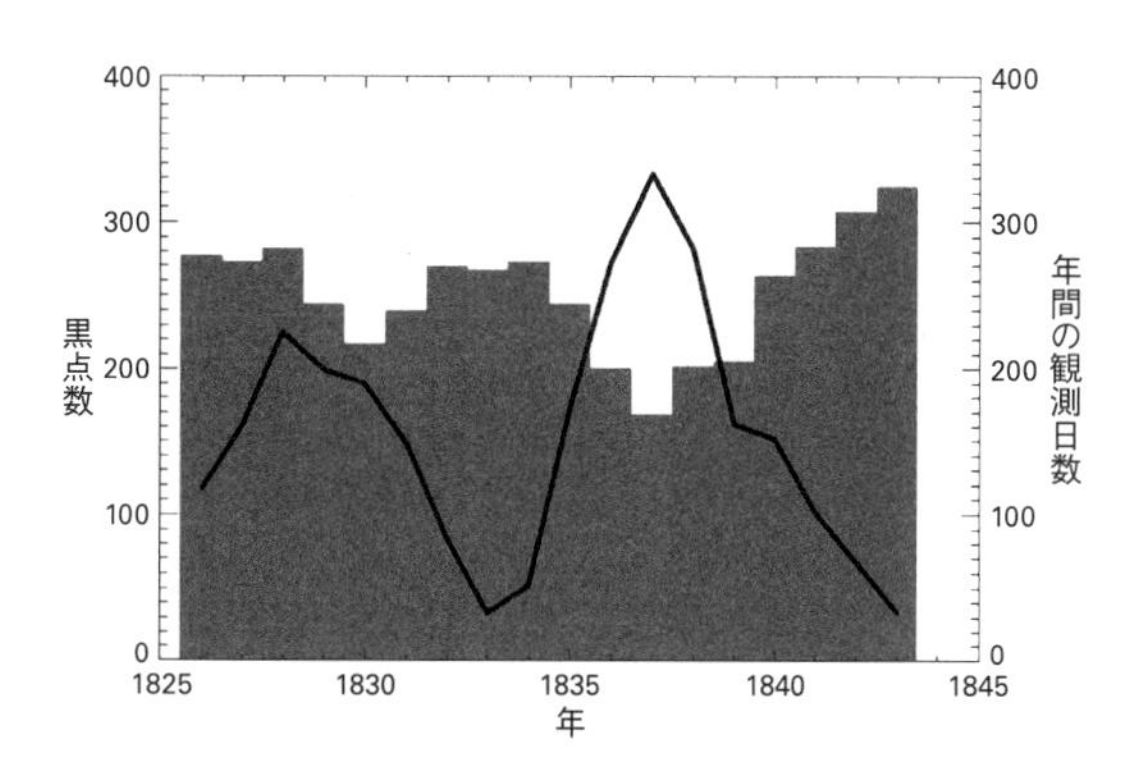

図1-5　シュワーベが発表した黒点数の増減（折れ線グラフ）と、各年の観測日数（棒グラフ）。(Schwabe, H. 1844, Astronomische Nachrichten, 21, 233をもとに作図)

は、他の惑星のように、太陽が沈んでいる時間に空に光っているのを見つけるのは困難である。そこで、惑星が太陽面を通過するところをとらえようとしたのである。

実際、地球より内側を回っている惑星である水星と金星は、太陽面上を通過することがある。今後、水星は２０１９年、２０３２年、２０３２年……に太陽面通過を起こし、２０３２年には日本でも、日没近い時間に水星が太陽面上に入ってくるのが見えるはずである。金星の太陽面通過は、一番最近のものは２０１２年にすでに終わっている。これを見逃した方には残念なことであるが、次は２１１７年まで起こらない。

惑星が太陽面上を通過するとシルエットになって、黒点と似たような真っ黒で小さな円とし

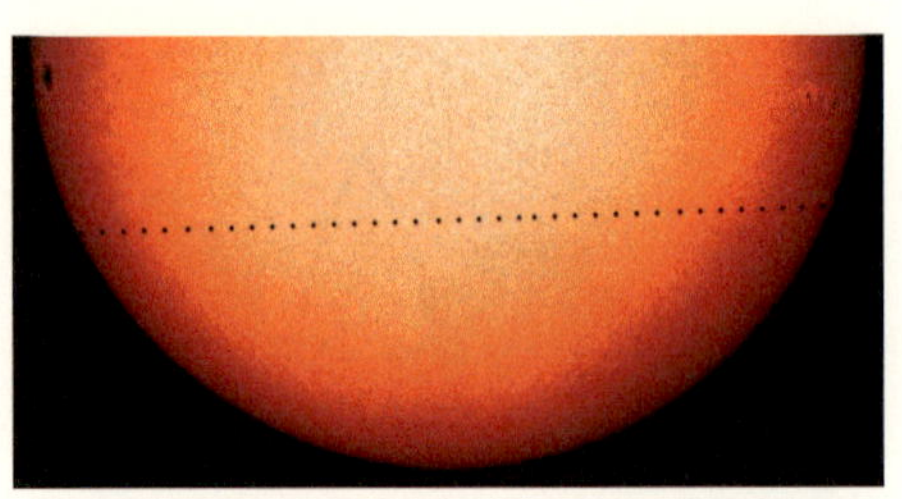

図1-6　SOHO宇宙機搭載のMDI装置で撮影された、2006年11月6日の水星の日面通過。黒点が一列に並んでいるかのように見えるのが水星で、太陽面を通過する間の多数の画像を合成している。(SOHO〈ESA & NASA〉)

て見える（図1-6）。つまり、黒点の中からそこに紛れているかもしれない惑星を見出そうとしたので、彼は太陽黒点を大変詳細に記録した。その結果、シュワーベは惑星を見つけることはできなかったが、黒点活動の周期性を発見したのだ。

シュワーベは1825年に観測を始めて1867年まで続け、協力者によるものも含め8000以上の黒点スケッチを残している。図1-5（35ページ）の年間観測日数を見ても、いかに熱心に観測を続けたかが分かる。

見えてきた太陽と地磁気・オーロラの関係

シュワーベのこの発見は、いろいろな波及効果をもたらした。シュワーベの研究が発表された頃には、地磁気やオーロラの変動の研究も進んでいた。地磁気の存在は大昔から知られていて、しかも方位磁石で常に北の方向が分かるというように、変化しないものだと思われていた。実際には地磁気にはわずかな変動が１日周期で起こるとともに、時々、「磁気嵐」という急激な変動も起こっている。

答えを先に言ってしまうと、地磁気の短期的な変動には太陽が関係していて、特に磁気嵐は、太陽表面で起こる大規模な爆発で地球に飛んできたプラズマや磁場がその原因になっている。

一方、極地の夜空に見えるオーロラは、さらに古くから人類が知っていた現象であると思われる（図１‐７、38ページ）。オーロラもいつも同じように起こっているわけではなく、激しいオーロラが多い時期もあればそうでない時期もある。

オーロラは、太陽から飛んで来た粒子が地球磁場の中に入り込んで、北極・南極に降り注ぐことで起きる現象である。このため、太陽面爆発で大量に粒子が飛んで来て磁気嵐が起きるような時には、激しいオーロラも起きる。

オーロラは、異様というか華麗というか、地球に奇観をもたらすものだが、その様子から凶兆として恐れられることはあっても、手の届かない空の上で起こっている現象なので、気象現象とは違って実生活に影響するというものではなかった。

図1-7　オーロラの様子（アメリカ空軍）

オーロラと太陽の関係は、1733年という早い時期に、フランスの博物学者ジャン＝ジャック・ドルトゥス・ドゥ・メランが指摘している。ドゥ・メランは今日、体内時計といわれているものを発見したことで有名だが、多才な科学者で、オーロラについての世界初と思われる研究書（Traité physique et historique de l'aurore boréale）を出している。その中で、太陽黒点の出現とオーロラの発生の関係を指摘し、オーロラの原因は太陽と関係があるという説を唱えた。

また、地磁気とオーロラの間に、オーロラ活動が活発になる時には地磁気の変動も大きくなるという関係があることを、1741年にスウェーデンの天文学者アンデルス・セルシウス（温度目盛りの摂氏を考案した人物）が助手のオロフ・ヨルテルとともに発表した。さらにはドイツの博物学者アレクサンダー・フォン・フンボルトは、世界各地の地磁気を測定するとともに、１８０６年にオーロラ発生と方位磁針の狂いに関連があることを見出した。こうした中で地磁気の強さの継続的な測定が始まるとともに、磁気嵐の頻度には約10年の周期があることも分かってきた。

このように地磁気についての知識・データが蓄積されていく中で、シュワーベの研究を知ったイギリスの地球物理学者エドワード・サビーンほか何人もの研究者が、磁気嵐の約10年周期の増減と黒点の増減が一致して起こっていることに気がついた。

ここにきて初めて、太陽の11年周期と地磁気の変動に結びつきがあるかもしれないということが分かったのである。

黒点数は太陽活動を表す

またスイスの天文学者ルドルフ・ウォルフは、黒点を自ら観測するとともに、この周期性をより長期にわたって追跡しようと考えて、過去の観測を集めて系統的な比較を試みた。

黒点は大きさも形もばらばらだが、いくつかの塊になって見えている。そこでウォルフは、この黒点の集団（群という）がいくつあったか（図１-１〈25ページ〉では４つ見えている）、大きさに関係なく黒点をひとつひとつ数えたらいくつあるか（図１-１〈同〉では数十個見えている)、という分かりやすい観測結果に基づいた指数(黒点相対数という)を使って黒点活動の活発さを表すことを考えた。

しかし、いろいろな観測者がそれぞれの望遠鏡を使って黒点を観測すると、良い望遠鏡を使っている人の方が黒点の数が多くなりがちである。そのため異なる観測者のデータを直接比べるのは難しいので、ウォルフは、いろいろな観測結果を、もしウォルフ自身が自分の望遠鏡で行っていたらどれだけ黒点が見えていたかという結果に置き換えることを考えた。観測者や装置によって決まる係数を求め、それによって観測結果を補正して、比較するのである。この係数を k として、黒点相対数 R は、$R=k(10g+f)$ (g は群数、f は黒点数)で表される。

今でも、基準はウォルフ自身の観測ではないものの、同じ方法で黒点観測結果の比較ができるようになっている。ウォルフは望遠鏡による観測開始時まで記録をさかのぼり、信頼できるデータのある1745年以降について、およそ11年の周期があることを確認した。

彼はその後の1755年に始まった太陽活動周期を第1期として順に番号をつけた。それが現在も引き継がれており、2009年からは第24期となっている(図1-8)。

さらにウォルフは黒点以外の現象にも目を向け、太陽の11年周期とオーロラの頻度が関係

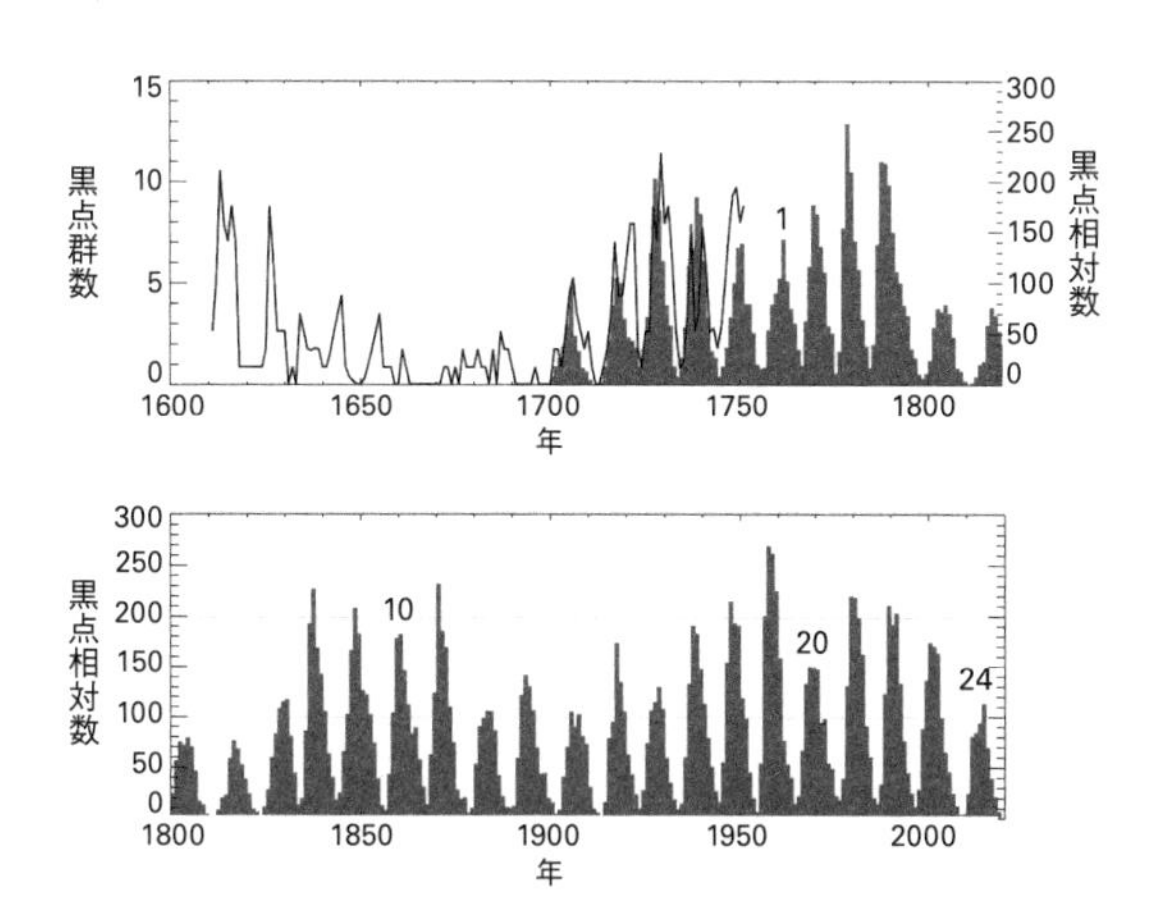

図１-８　望遠鏡での観測が始まって以来、400年にわたる黒点の増減。ウォルフが最初に長期にわたる増減の記録を整理し、さらにその後の研究に基づいて決定されたこのグラフにある値が、国際的な黒点数の標準として使われている。棒グラフが黒点相対数の変化を表す。初期の観測では黒点数がはっきりしないので、黒点群数を折れ線グラフで示している。(ベルギー王立天文台黒点数・太陽長期観測世界データセンターSILSOのデータに基づく)

している可能性を指摘した。

より広範な比較のため、ウォルフは自分でもオーロラのカタログを作り、記録も集めてそしてこの研究はドイツの地球物理学者ヘルマン・フリッツに引き継がれた。より多くのオーロラの記録を集めたフリッツは、黒点とオーロラという太陽と地球の飛び離れた現象が、長期にわたって一致した増減を示すことを見出している。

ただし、この頃は年単位の黒点の増減とオーロラの増減がよく一致することが分かりはしたものの、具体的に何がオーロラを発生させるのか、なぜ太陽活動や黒点と関係があるのかは分かっていなかった。

太陽面爆発の発見

イギリスの天文学者リチャード・キャリントンも、シュワーベの発見に刺激されて黒点観測を始めた一人であった。ロンドン郊外の自らの天文台で1853年から1861年まで黒点を観測し、太陽の差動回転と、11年間の1活動周期中に黒点が発生する緯度が高緯度から低緯度へ移動していくことを、同時代のドイツの天文学者グスタフ・シュペーラーとそれぞれ独立に研究した。さらには、シャイナーがおよその方向を求めていた太陽の自転軸と標準的な自転速度を高精度に決定した。これらは、現在でもほぼそのままの値が使われている。

さらに彼は別の重要な発見もしている。キャリントンは毎日熱心に黒点観測を続ける中、1859年9月1日の観測中に、ある大黒点の周辺が突然明るく輝き出したのに気がついた(図1-9)。しかし、その輝点は場所を移動しながら数分で消えてしまった。

イギリスのアマチュア天文家であるリチャード・ホジソンも、キャリントンの天文台から30キロメートルあまりしか離れていない、同じロンドン近郊でこの現象を観測していた。こ

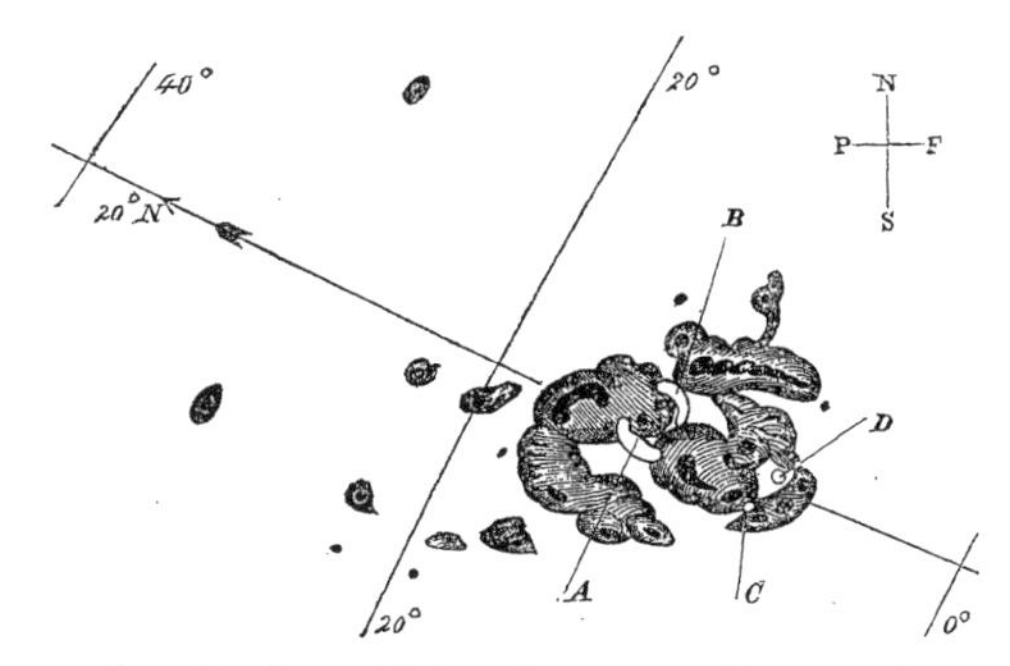

図1-9　キャリントンが記録したフレアの様子。最初A・Bで示されているところで輝き始め、5分の間に輝点がC・Dのところまでだんだん移動して、ついに消えた、と報告されている。像が裏返しの状態でスケッチをしているため、通常の太陽画像とは逆に、左側が太陽の西の方向になっていることに注意。(Carrington, R.C. 1859, “Description of a Singular Appearance seen in the sun on September 1, 1859”, Mon. Not. R. Astron. Soc. 20, 13)

れは、太陽面で起こる爆発現象である「太陽フレア」が観測された最初の例である。まえがきでは現代のフレアの観測を紹介したが、これが、今に至るフレアの観測の幕開けであった。

太陽フレアは、太陽表面の磁場（黒点自体も磁石のようなものであり、第2章でまた触れる）のエネルギーが急激に熱などに変わる現象である。大規模なフレアの場合、解放されるエネルギーは、大きな水素爆弾の1億倍という人間のスケールをはるかに超えたものであり、大地震・火山の大噴火と比べても100万倍にのぼるという、地球では想像できない大きさである。

このような大きなエネルギーにより非常

に高温のプラズマ（高温のために原子から電子が分離した状態）が作られるので、普段我々が目にしている可視光よりもエネルギーの高いX線や紫外線で顕著に見えるのは、まえがきで紹介した通りである。また、普段見える太陽表面（光球という）より上の彩層という層も、太陽フレアの時には高温になり、輝くのが観測できる。

このように、波長によって太陽表面の異なる層と異なる表情が見える様子を、図1-10にまとめた。その中で（a）は、黒点が見える、普通に見た時の太陽の表面（光球）である。（b）が彩層の画像で、水素のHα線（波長656・3ナノメートル）だけを通す特殊なフィルターを用いて撮られたものである。このようにある特定の波長で太陽を見ることで、彩層を観察することができる。彩層では黒点周辺が高温になって明るく見えている。（c）は紫外線画像で、太陽表面から外へ大きく広がっているのは「太陽コロナ」である（コロナについては後に詳しく触れる）。黒点周辺はコロナの密度が高く、やはり明るく見えている。

白色光で見えた巨大フレア

キャリントンやホジソンの時代には、X線・紫外線はもちろん、彩層の観察も難しかった

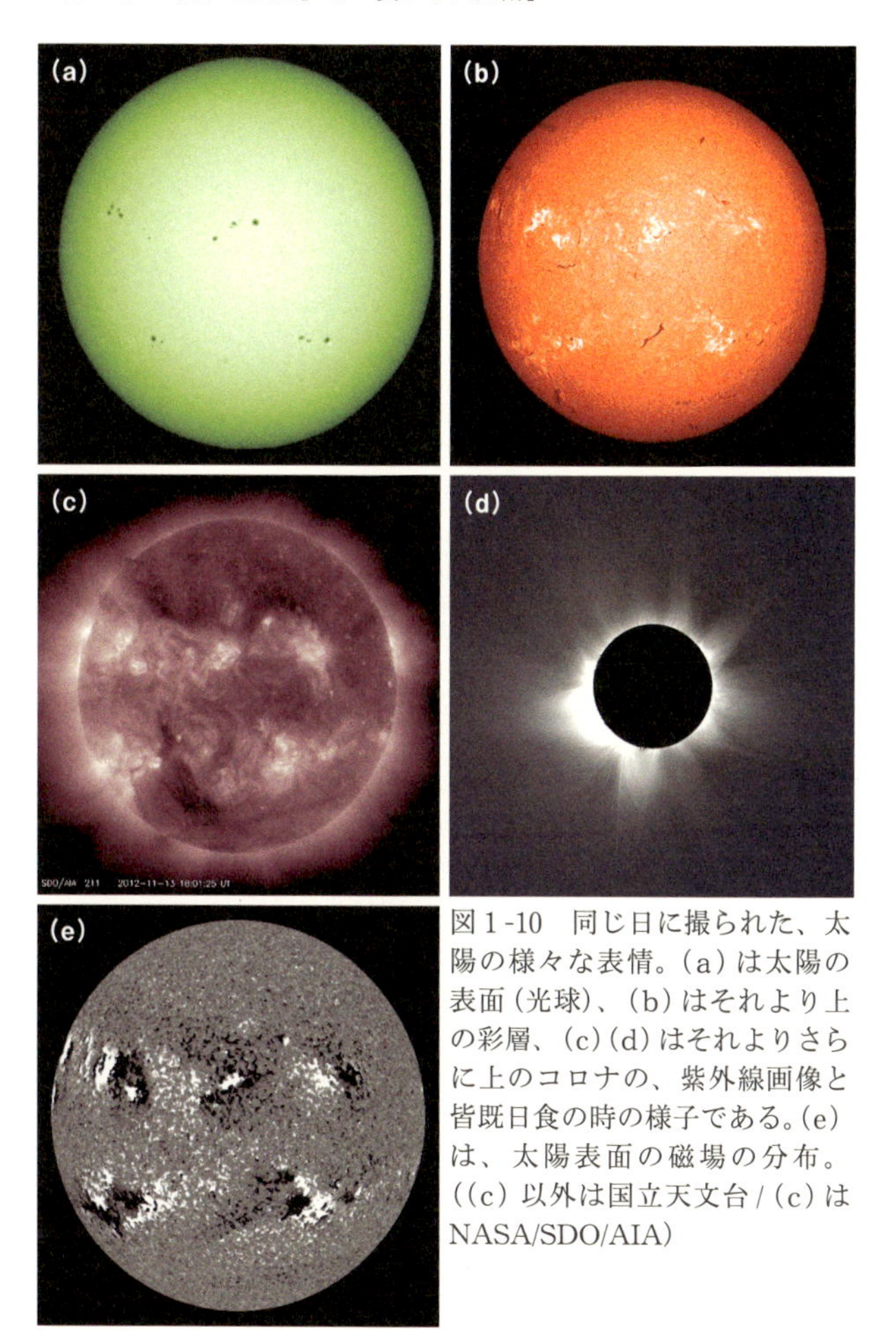

図１-10　同じ日に撮られた、太陽の様々な表情。(a) は太陽の表面 (光球)、(b) はそれより上の彩層、(c) (d) はそれよりさらに上のコロナの、紫外線画像と皆既日食の時の様子である。(e) は、太陽表面の磁場の分布。((c) 以外は国立天文台 / (c) は NASA/SDO/AIA)

が、彼らは普通に可視光で太陽の光球を見ていてフレアに気がついた。これは「白色光フレア」と呼ばれる現象で、目で見て明らかなほど白色光で明るくなるのはよほどの大フレアに限られる、まれな現象である。

その頃すでに、いつも同じように輝いている太陽には実は変化する黒点が現れていることが分かっていたとはいえ、それは毎日の観測の中で徐々に黒点の形が変わっていくのが見えるという程度の、ゆっくりした変化であった。しかし、ここで初めて、太陽が激しく変化する現象を見せるものであるということが分かったわけである。

太陽面で輝くものが見えたという報告は1705年にもあるのだが、フレアと確定するには情報が不足していて、詳細なスケッチにより現在の知識でのフレアと確実に同定できるキャリントンの観測が、一般には最初とされている。ちなみに1705年は、黒点が大変少なかったマウンダー極小期中（終わり頃ではあるが）の、さらに11年周期の極小期に当たり、本当に白色光フレアが起こっていたとすると興味深い。

19世紀には黒点に関するいろいろな興味深い発見がなされ、それがキャリントンらの熱心な観測の動機になり、そのような観測がフレアの発見につながった。太陽フレアは、普通に太陽を見ていても滅多に見えないために19世紀まで発見されなかったものの、観測手段を選べば平均して1日にいくつも発生しているのを観測できる、極めてありふれた現象である。その中でキャリントンらが発見したこのフレアは、20世紀に近代的なフレアの観測が始まって以降観測された最大のフレアの、さらに2倍程度大きかったのではと推定されていて、観測がある範囲では史上最大とされている。

太陽面爆発で地球に異常が起こる

1859年のキャリントンのフレアで注目すべきは、その大きさだけでなく、その直後に見られた地球上の出来事である。まず翌日になって、大きな磁気嵐が発生した。図1-11（48ページ）は、これまたロンドンのキュー天文台（地磁気の測定も行っていた）で得られた地磁気データで、9月2日になって記録が振り切れてしまうほどの大きな地磁気変化が起こっていることが分かる。それとともに世界各地でオーロラが見られ、しかも異様に明るかった。通常オーロラは極地方で見られるものだが、はるか南のハワイやキューバ、アフリカのサハラ以南、そして日本でもオーロラが見られた。

それだけなら前代未聞の奇観というだけなのだが、さらに欧米の電信網が故障するという事態が発生した。電信機が壊れたり火事が発生したり、技手が感電したりということが起こ

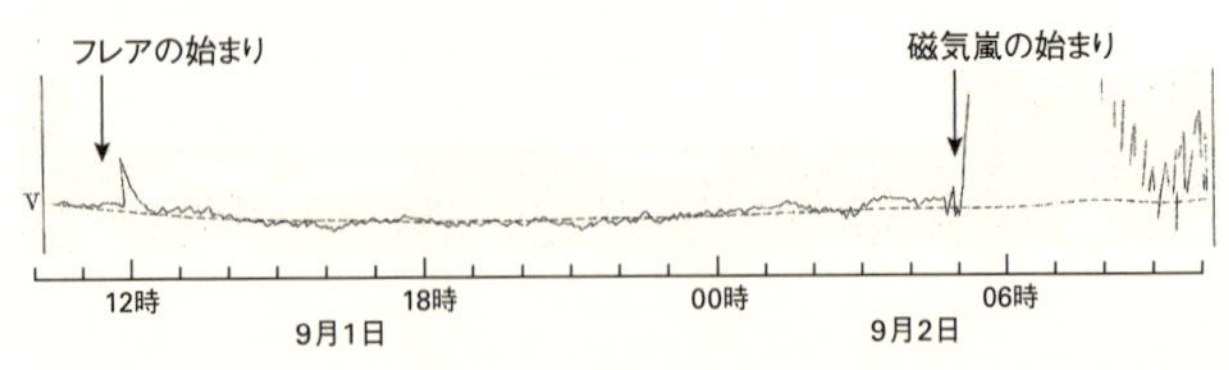

図1-11　キュー天文台での、1859年9月1日から2日にかけての地磁気測定結果。上に振れるのが地磁気の減少に対応している。まず9月1日のフレアと同時（11時と12時の間）に起きた太陽フレア効果という小さな変化があり、その後2日5時頃から振り切れてしまうほどの大きな変化が記録されている。(Stewart, B. 1861, Phil. Trans. R. Soc. London, 151, 423)

ったのである。

当時、日本はまだ江戸時代だが、世界は電気の時代を迎えていて、電信で瞬時に情報を送るというのは欧米ではすでに実用化していた。遠隔の場所を電線でつないでモールス信号で通信をするのである。

ちなみに日本に黒船で来航したアメリカのマシュー・ペリー提督は、電信装置を江戸幕府に贈り、デモンストレーションを行っている（この装置は郵政博物館に現存しているそうである）。

この当時、欧米では電信網が拡大を続けていて、しばらく後、日本で明治維新を迎える前にはもう大西洋海底ケーブルが実用化されて、ヨーロッパとアメリカがつながっている。

現在の知識では、キャリントンらが見たフレアにともなって太陽から物質が大規模に惑星間空間に放出され、それが地球磁場にぶつかったと解釈できる。それにより大きな磁気嵐が発生したため、電信用の電線が長距離にわたって引かれていたところに異常電流が流れて、様々な故障が発生したのである（より詳しい説明は第3章で述べる）。このように、フレアの観測は、その最初から地球での災害と結びついていた。変わらぬ恵みの太陽とは異なる「変わる太陽」と、その地球への影響が見えた瞬間である。

ただ、電信に時々原因不明の障害が起こることはもっと前から知られていて、さらにこの障害とオーロラとに関係があることは、１８４７年にイギリスの技師ウィリアム・バーロウが気がついていたのを始め、いくつも報告がされていた。これらもやはり磁気嵐が起こした現象と考えられ、観測はないものの、その時にはフレアも起こっていたものと思われる。１８５９年になって、ついに大もとの原因である太陽フレアの観測が加わったというわけだ。

社会のアキレス腱

１８５９年のフレアは大きかったとはいえ、人類の歴史の中では何回も起こっていても不思議はないものだ。実際、日本で記録されたオーロラの中でも最も顕著なものとして知られている１７７０年のオーロラは、まれにしかオーロラが現れない京都で赤く明るく輝いてい

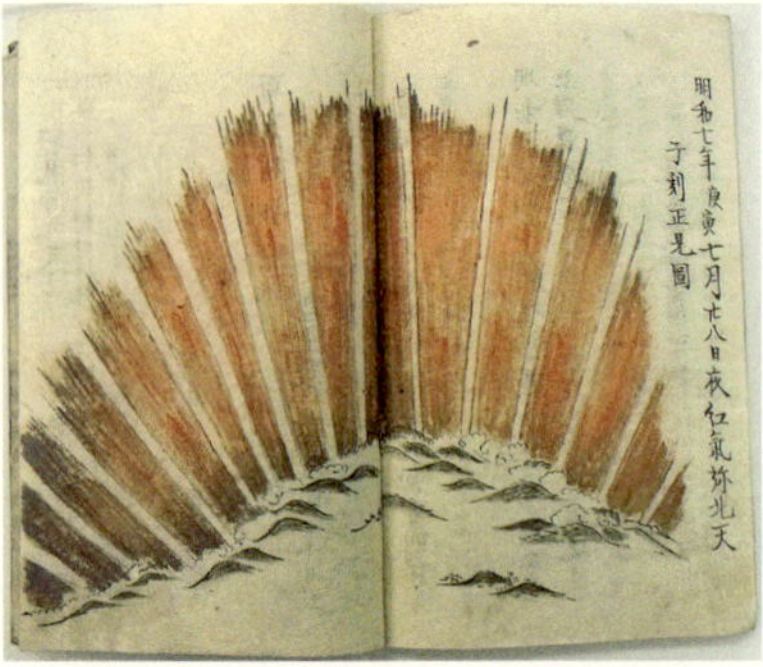

図1-12　「星解」という書物にある、1770年9月17日に京都で見えたオーロラを描いたと考えられる絵。（松阪市郷土資料室所蔵：三重県松阪市提供）

たらしい（図1-12）。

極地研究所の片岡龍峰らによる研究によれば、その時起こっていた磁気嵐は、キャリントンらが見たフレアと同等か、さらに大きかったということである（Kataoka, R. & Iwahashi, K. 2017, Space Weather 15, 1314）。

しかし、当時はまだ電気の実用化前であり、被害らしきものの記録はない。このように古い時代、普段オーロラが見えないところで輝いた赤い光は、凶兆として恐れられたり火災の発生と間違えられたりということがあった程度である。

その後100年も経たない間の文明の発達で、電気を使うようになってから起こった大フレアは災害の原因となった。現代は、過去に比べてはるかに高度・複雑な文明社会になっており、うっかりしていると大フレアは計り知れない影響をもたらすことになる。まえがきで紹介した大フレアへの警戒は、まさに高度文明社会ならではのアキレス腱を意識してのことであった。

１・３　爆発で太陽はものも放出する

太陽は光だけでなくものも放出している

キャリントンが観測したフレア後に起こった現象は、当時、すぐに太陽フレアと結びつけられたわけではなかった。一部の研究者は、もしかすると太陽フレアが起こったことが地上のいろいろな出来事の原因ではないかとも考えたようだが、一般にはそのようには理解されなかった。地球での現象はフレアの翌日に起こっている。フレアで太陽面が明るく輝くのが見えたということは、その瞬間にはフレアからの光が地球に到達しているわけで、翌日というのはずいぶん遅い。

実は、図１-11（48ページ）で分かるように、フレアから来たX線によって起こった短時間の地磁気変動である「太陽フレア効果」と呼ばれる現象は、この時すでに見えていた。これは大きなフレアでしか見えない比較的まれな現象である。

しかし、さらに大きな地磁気の変化と、それにともなういろいろな激しい現象は翌日に起こっており、太陽面上の現象と地球の現象を結びつけるには至らなかった。フレアと磁気嵐の発生はたいてい2〜3日ズレており、むしろキャリントンのフレアで1日しか差がなかったというのは、例外的である。その後フレアの観測方法が進歩してより多くのフレアで磁気嵐との関係が調べられるようになっても、この時間差のため、なかなか直接関係があると考えられるようにはならなかった。

今では、フレアとともに起こることも多い「コロナ質量放出」という現象がそのカギであることが分かっている。太陽からは光だけでなく、毎秒数百キロメートルないしそれ以上という、実に大変な速度で物質も放出されており、特に爆発的に大量にものが放出されると地球にも影響する。

太陽面爆発では、放出された光も地球に影響するが、むしろ太陽から放出されたものが地球にやってくる方が深刻な影響を及ぼす。その放出されたものが太陽から地球に到達するまでに典型的には2〜3日かかるのである。

このことが理解されるまでこの後数十年もかかることになるのであるが、実はこのコロナ質量放出という現象は、キャリントンのフレアのわずか1年後に、その正体は分からないままでもあったが、初めて観測されている。

太陽コロナとは

通常目に見える太陽の本体の周囲には、図１-10（45ページ）（ｃ）で紹介した、コロナという薄く広がる約１００万度以上の高温のプラズマがある。コロナはＸ線・紫外線では明るく輝いているものの、目に見える光では、太陽本体の１００万分の１程度の明るさしかない。このため、普段は特別な望遠鏡を使わない限り、太陽本体が明るすぎて見ることができない。

肉眼で見ることができるのは、新月の時にたまたま太陽と月がちょうど重なる皆既日食で、太陽本体が月によって完全に隠された時だけである。図１-10（同）（ｄ）はその皆既日食の時のコロナの様子で、月が太陽本体を隠しているが、コロナ自体は図１-10（同）（ｃ）の紫外線画像よりははるかに外側に広がっているのが分かる。皆既日食で見えているコロナの輝きは、コロナが太陽本体からの光を散乱したものである。

皆既日食は、昼間に突然太陽の輝きが失われる現象なので古来注目され、その時に中天に白く美しく輝くコロナが見えたという記録も古くからある。コロナは太陽本体（表面は約６

000度）に比べるとあまりに高温なので、太陽本体が放つ光よりもエネルギーが高いX線～紫外線で主に光っているわけだが、これは大気に吸収されてしまって地表に届かない。そこで今ではX線・紫外線望遠鏡を積んだ人工衛星が打ち上げられ、大気圏外でいつもコロナの観測が行われている。まえがきで紹介したフレアのX線・紫外線のデータ、図1‐10（同）（c）の紫外線像は、いずれもそのような衛星で得られたものである。

今では当たり前のように「コロナは太陽の一部」という言い方をするが、日食で見えるコロナしか知らなかった昔の人にとって、コロナが太陽に属する現象なのかどうかは分からなかった。月に属しているものかもしれないし、大気中の現象かもしれなかったからだ。皆既日食はたかだか数分間しか続かないので、望遠鏡が発明され観測装置が発達してからも詳しく調べられないまま、19世紀に至っている。

そういった中で、1860年7月18日に、図1‐13のように皆既帯が北アメリカから大西洋を通ってスペインを横断し、アフリカに達するという皆既日食が起こった。皆既日食は典型的には幅100キロメートルほどの長大な帯状の地域で見えるので、これを「皆既帯」といっている。ある瞬間に皆既日食が見えているのは、月が太陽光を遮って地表に作る楕円形の影（本影という）の中だけである。これが時間とともに動いていく軌跡が皆既帯である。

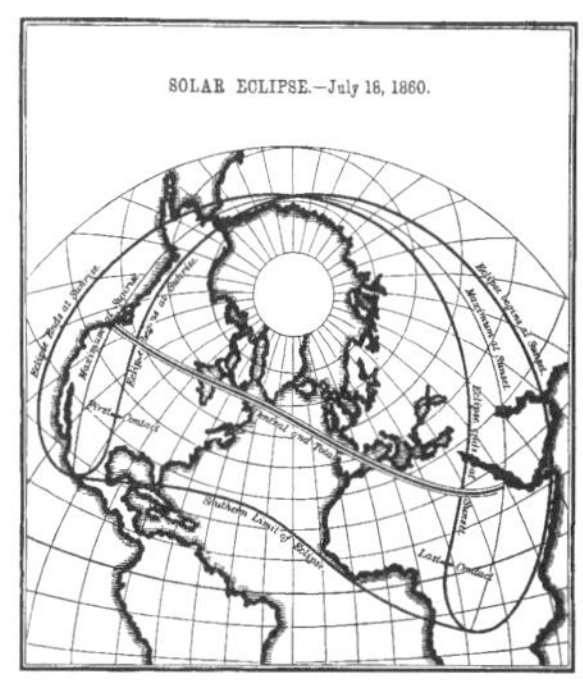

図１-13　1860年７月18日の皆既日食の、日食が見られる場所と皆既帯の地図（左）と、この時スペインで観測を行ったエルンスト・テンペルによるスケッチ（右）。右図の、上側の丸い構造が、初めて人類が記録したコロナ質量放出と考えられる。（Chauvenet, W. 1863, “A Manual of Spherical and Practical Astronomy”, p.504 / Annali del R. Museo di fisica e storia naturale di Firenze, i, 1866）

ちなみに、11年周期を発見した前述のシュワーベは、ドイツのデッサウで、この日食を太陽の一部が月に隠される部分食として観測していた。

皆既食が見られたスペインには多くの天文学者が観測に出かけ、天候にも恵まれて、本影が約10分かけてスペインを横断する間に、いくつもの観測地でコロナの姿が詳細に記録された（図１-13、右）。

その姿には大きな違いはなかったため、観測した場所の大気中でコロナが作られているわけではないということが明らかになった。

また、皆既中に月が太陽に対して動いていく時に、コロナは月とともに動くのでははなく太陽に対して皆既中ずっと固定されていることが分かった。
ここで初めて、コロナが太陽の一部であることが判明したわけである。

コロナ質量放出の発見

さて、本題はこのことではなく、コロナ質量放出である。日食で見る太陽コロナでは、通常、太陽本体から外側へ延びる構造がよく見える（図1-10〈45ページ〉〈d〉)。ところがこの時の日食のスペインでの観測では、図1-13（55ページ）の右に示したように、コロナ中に巨大な渦のような、あるいは泡のような構造が何人もの観測者によって観測された。しかし、これは北アメリカでの2時間前の観測では見えておらず、一方、1時間前の観測では渦が見えた方向に何か明るいものが見えたという記録がある。

現在の知識で見れば、このような構造はコロナ質量放出で飛び出したプラズマ塊の典型的な姿である（第2章の図2-12〈93ページ〉参照)。第4章で紹介するジョン・エディはこれを、コロナ質量放出がスペインでの観測の1時間強前に発生し、太陽系へ飛び出していく途中をスペインの日食でとらえたと解釈できると指摘した（Eddy, J. 1974, Astron. Astrophys. 34, 235)。

このコロナ質量放出はキャリントンのフレアと違って特別大きなものというわけではなく、日々いくつも発生している通常のコロナ質量放出のひとつである。地球への影響も知られていないので、観測された当時は変わった形のコロナが日食の時に見えた、という以上のことは分からなかった（コロナ質量放出という現象が理解されるのはずっと後である）。

コロナの観測が進歩して正体がだんだん解明されていく中でも、コロナは基本的に激しく変化するものではないと思われていたが、１９７０年代になってアメリカのスカイラブという宇宙ステーションで連続的にコロナが観測されると、今日「コロナ質量放出」と呼んでいる現象を起こす激しい面があることが判明した。さらに１９９０年代以降は、日本の「ようこう衛星」（１９９１年打ち上げ）以降、太陽コロナはいくつもの人工衛星によって切れ目なく観測されるようになり、その結果、コロナはむしろ静的なものというよりダイナミックな面こそが本来の姿であると考えられている。

例外的と思われていた図１‐13（同）のような日食中のコロナ質量放出の観測も、観測技術が上がってくると、実は珍しいことではないことが分かった。図１‐10（同）（d）の日食でも、この後コロナ質量放出が起こり、30分程後の別の地点での日食の観測ではその姿がとらえられており、筆者らがその様子を分析した。しかし、１５０年以上前の19世紀にはすでに、実に秒速数百キロメートルという大変な速度で惑星間空間へ飛び出していく、「変わらぬ太陽」とは対極にある激しい現象を、それとは気づかずとらえていたのである。

太陽がものも放出していることが理解されるまで

太陽からは、実は光ばかりでなくものも噴き出しているのではないかという仮説は、アイルランドの物理学者ジョージ・フィッツジェラルド（物理を学んだ方は、特殊相対性理論の「フィッツジェラルド―ローレンツ収縮」というのになじみがあるかもしれないが、それを提案した人物）が１８９２年に最初に唱えたのを始め、何人かの研究者が指摘している。

彗星の尾が太陽の反対にたなびく（図４‐２〈１７３ページ〉参照）ことはよく知られていたことから、太陽から何か飛んで来ているのではないかという、この仮説のひとつの根拠となった。ただし、これは太陽から常時噴き出している太陽風によるもので、そのことはずっと後になって分かることだった。これとは別に、磁気嵐の起源が太陽から飛んで来る物質であるという仮説を、フィッツジェラルドが唱えたのである。

この頃はまだ磁気嵐の発生が太陽と関係あることが不確実だったため、この説はすぐには受け入れられなかった。１８５９年のキャリントンのフレアでは、大きな黒点と磁気嵐の出現が呼応していたものの、その後の観測では、大きな黒点が現れても磁気嵐が起こらない例や、逆に黒点が見えていなくても磁気嵐が起こった例も見出されていたので、磁気嵐の太陽起源説には反対者も多かった。

しかし、イギリスの天文学者エドワード・マウンダー（前節で紹介したマウンダー極小期の名前のもとになった人物）が１９０４年に、磁気嵐発生が太陽のみかけの自転周期である27日ごとに繰り返す傾向があることを示すと、太陽起源の粒子が磁気嵐を起こしているという可能性が検討されるようになる。

例えばノルウェーの物理学者クリスチャン・ビルケランドは、高速の電子を用いて実験室でオーロラを再現し、実際のオーロラが太陽から飛んで来る電子によって発生しているという説を唱えた。ちなみにビルケランドは、第１次世界大戦中に日本に滞在していた時に亡くなっている。

その後、イギリスの地球物理学者シドニー・チャップマンが、α粒子（ヘリウムの原子核）が太陽から飛んで来るという説を唱えていたのだが、同じイギリスの物理学者フレデリック・リンデマンが、電子（マイナスの電荷を持つ）もα粒子（プラスの電荷を持つ）もそれだけではだめで、地球にまで飛んで来るには両方の電荷の粒子を持つプラズマが必要であるという指摘をした。

これを受けて、1930年にチャップマンは自分の学生であったヴィンチェンツォ・フェラーロとともに、太陽から放出されるプラズマ塊によって磁気嵐が発生することの理論的裏づけを与えるに至った。当時はまだ、黒点が未知の過程で何らかの粒子を放出しているらしいという理解であったが、後に太陽面爆発が起こることでプラズマが放出され、地球に達するということが理解されるに至った。

太陽から飛来する高エネルギー粒子

以上で見てきた磁気嵐は、太陽で発生したコロナ質量放出の後、たいてい2〜3日経ってから地球に到達するプラズマが原因だが、光に比べると、ずいぶん遅い。遅いといっても秒速数百キロメートルという、地球上の感覚ではとんでもない速度ではある。しかし多くのフレアで、さらにエネルギーの高い粒子が発生していることも知られており、光に近いほどの速さで地球に飛んで来ることも珍しくない。

一般に「宇宙線」と呼ばれる、地球の外から飛んで来る高エネルギーの粒子としては、銀河宇宙線がよく知られているが、その観測の中で、いわば副産物として太陽からも高エネルギー粒子、つまり太陽宇宙線が来ていることが分かったのである。たいていの場合、太陽からの高エネルギー粒子は大気圏内にまで侵入することはできず、地上でこのような粒子がとらえられる頻度は少ない。だが、逆に頻度ははるかに多いものの観測が困難であったコロナ質量放出より、ずっと早くに存在が知られていた。

銀河宇宙線とは、重い星が爆発してできる超新星の残骸などから飛んで来る、太陽系外が起源の高エネルギー粒子を指す。地球大気に侵入すると大気中の原子とぶつかって高エネルギーの陽子や中性子、電子などを発生させ、それら2次的な粒子が地表にまで達することがある。厚い大気のおかげで地表に届くものはわずかで、人体に危険なことはない。銀河宇宙線は1912年に発見され、それ以降盛んに観測されるようになった。その手法のひとつが、地表に設置した検出装置で宇宙線の2次粒子を受けるというものである。

その観測の中で、アメリカの物理学者スコット・フォーブッシュは、世界各地の装置で同時に宇宙線強度が数時間の間だけ急激に上昇する現象が起こっていることを発見した（図1-14左〈62ページ〉）。最初は1942年2月28日で、すぐ後の3月7日にも続けて起こっているが、10年間を通じて3例だけという、まれな現象である。フォーブッシュは、これらが太陽面上の現象や「突発性電離層擾乱（じょうらん）」と呼ばれる現象に対応しているのを見出し、太陽か

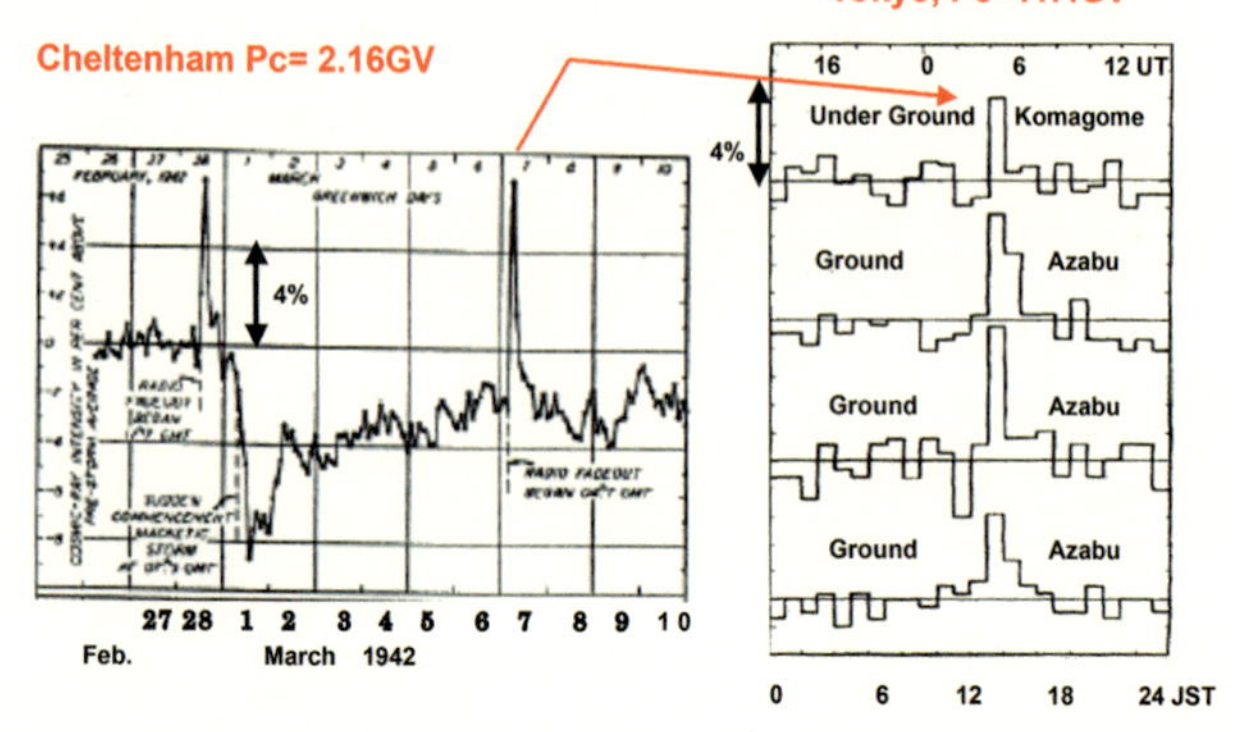

図1-14　宇宙線観測装置で太陽からの粒子の飛来をとらえた記録。（Forbush, S.E.1946, Phys. Rev. 70, 771/西村純「宇宙線発見100年にあたって」2013年STP研究会資料）

らも宇宙線が来ていると結論したのである。

なおフォーブッシュは、コロナ質量放出によって銀河宇宙線が地球に到達しにくくなり、宇宙線が逆に減少して見える「フォーブッシュ減少」と呼ばれる現象の発見者としての方が有名である。

この時の宇宙線強度の上昇は、他にも何人かの研究者が気づいていた。また、当時日本でも宇宙線の観測は始まっていた。理化学研究所の仁科芳雄が指揮して新たに設置された宇宙線観測用の「仁科型電離箱」が稼働して間もない頃で、図1-14右のように、複数の装置で3月7日の宇宙線の急上昇が見事にとらえられた。

しかし、その時には太陽起源とは分から

ず、正体不明の信号の増加とされたままで終わった。中にはこれは太陽からの粒子だという説を唱えた人もいたものの、結局確証が得られなかったため認められず、太陽起源の宇宙線の発見の栄誉はフォーブッシュのものとなった。

１・４　Ｘ線と電波で見た太陽

太陽からのＸ線と無線通信

19世紀には電信網の故障という形で顕在化した「変わる太陽」の影響だが、文明の発達にともなってさらにいろいろな影響が明らかになってくる。20世紀に入ると電波による無線通信が始まる。地球大気上空には電離層という一部プラズマ化した大気層があり、これがあることで地球の裏側にも電波が届く。このことが経験的に分かってから無線通信は急速に利用が進んだ（電離層と無線通信については第3章で詳しく述べる）。

さらに、時々その通信が不調になることがあり、それが太陽フレアが起こった時であることが分かった。しかも、太陽フレアの発生と同時に不調が始まるのである。磁気嵐やオーロラのように、コロナ質量放出で太陽から飛んで来たプラズマが大気にぶつかるのが原因となって通信に不調が起こるのであれば、2〜3日後になってから始まるはずである。この遅れが、フレアと磁気嵐・オーロラの関係を考える上での謎だったが、電離層への影響はフレア発生と同時なので、フレアが出す光そのものが影響していることは明らかである。

しかし、太陽を可視光で見ていても、太陽から来るほとんどの光は途中で電離層に作用することなく地面まで到達するし、フレアが起こったからといってその光が特に増加するということはない。そこで、フレアが起こると、通常の太陽表面よりはるかに高温のプラズマから放出されるX線が激増し、これが大気に吸収されることで電離層に影響しているのではないかという推定がなされた。当時はまだ、フレアからX線などが出ていることは知られていなかったのである。

無線という、軍事的にも社会的にも重要なインフラに影響することから、1946年という戦後間もない宇宙時代の幕開けの時期から早くもロケット（ドイツが兵器として開発したV-2ロケットのうち、アメリカが第2次大戦で接収したものを後に打ち上げた）による、大気に吸収されてしまう太陽からの短波長の光を大気圏外で検出する実験が試みられた。そして1948年の実験で波長0・8ナノメートル前後（1ナノメートルは10億分の1メートル）のX

線を観測したところ、太陽フレアが実際にＸ線を出していることが分かったのである。

こうして、太陽フレアがその放射で地球に影響を与えることが判明したのだが、その影響はやはり気象現象などとは異なり、無線という文明の利器が誕生して初めて実害が発生するというものであった。今では電離層の形成自体が太陽からのＸ線・紫外線によるものであることが分かっている。そのもとが大きく変化すれば、当然、電離層の電離具合も大きく変化してしまうわけである。フレアのＸ線による電離層の電気伝導度の変化が地磁気の変化を起こすのが、図１‐11（48ページ）に見えている太陽フレア効果である。

なお、Ｘ線で見た太陽は、大きなフレアが起こると普段の何十倍、何百倍にも明るく輝く（図０‐２〈４ページ〉、図２‐９〈88ページ〉、図３‐12〈１３２ページ〉を参照）。もし人間にＸ線が見えたら、大気圏外の宇宙飛行士には太陽の明るさそのものが大きく変わるのが見えることになる。ただ同じように光っているだけという、通常見えている太陽とはまったく異なる姿である。

太陽から電波は来ているのか

明るさが桁違いに変わるということでは、フレアの時の太陽からの電波も同じである。ただ、太陽から電波が来ていることが確認されるまでには、紆余曲折があった。1930年代には、多くのアマチュア無線家が、通信の信号とは別に雑音のような信号が受信機に時々入って来ることに気がついていた。20世紀初頭に無線通信の実用化が始まってから、趣味で通信を楽しむ人が現れていたのだが、実はこれは、太陽がフレア時に放つ強い電波を受信していたのである。

1935年には、イギリスの電気技術者でアマチュア無線家でもあったデニス・ハイトマンが、この雑音を周波数28メガヘルツ（波長11メートル）前後でとらえ、これが昼間に受信できることから、太陽と関係があることに気がついていた。その後多くのアマチュアの報告から、この雑音と太陽面上の現象が関係している例が見出され、太陽が関係する電波の放射があることが分かったのである。ただし、この時点では太陽から直接電波が来ているとまで認識されていたかは分からない。

日本でも、国際電気通信株式会社の仲上稔と宮憲一によって、1938年に「突発性電離層擾乱」の発生とノイズの増加の見事な一致が、波長20メートル前後の電波で観測されていた（図1-15）。突発性電離層擾乱というのは、太陽フレアの発生によって電離層が大きく変化し、無線通信の電波が届きにくくなる現象である。彼らが観測したのは、まさに太陽フレアの発生にともなって太陽から来た電波と、フレアが起こした電離層擾乱で届かなくなった無線電波だった。

これ以前から、逓信省の荒川大太郎が突発性電離層擾乱と同時にノイズの発生がとらえられることを報告していたのだが、彼らはそれにとどまらず、ノイズ源が高い仰角から来ていることまでつきとめていた。

世界的にも電波天文学の黎明期だったころに、日本で太陽からの電波がとらえられていたのである。ただ、それは後に分かったことで、当時もこれは太陽からの電波ではないかという考えもなくはなかったようだが、結局そのようには結論するに至らず、残念ながら、太陽からの電波を日本で発見したということにはならなかった。

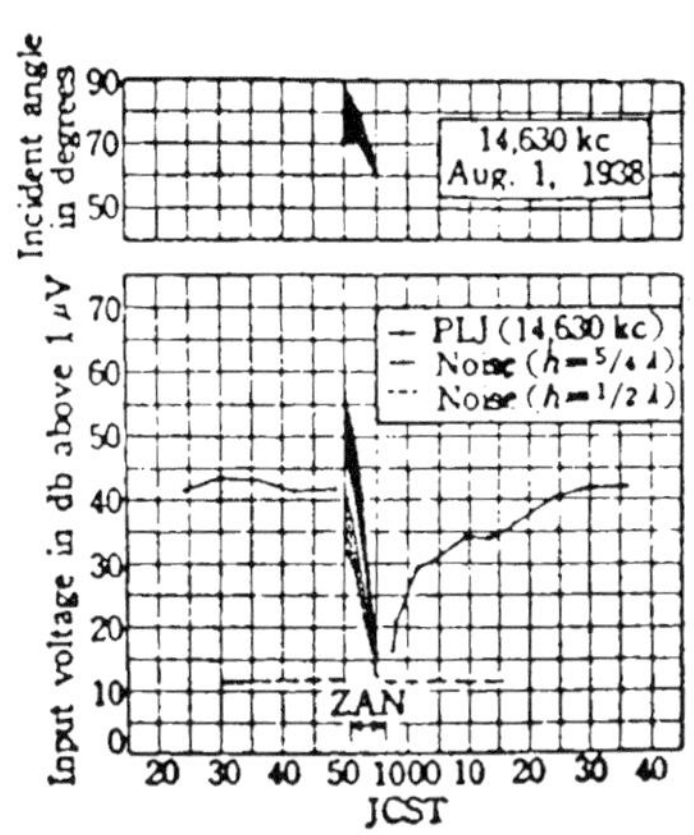

図１-15　1938年８月１日にとらえられた、太陽フレアに伴う電波強度の増加と、それに続く減少。（仲上、宮1939,「Dellinger 現象出現時に於ける短波長電波竝に短波帯に發生する雜音の入射角に就て」電氣學會雜誌59, 176）

ついに太陽から来る電波をとらえる

その後、第2次大戦中に観測が進み、太陽から強い電波が出ているということがはっきりしてくる。当時、軍事用のレーダーがすでに実用化されていて、さらにそのレーダーの妨害まで行われるようになっていた。

イギリス軍で電波を研究していたジェームズ・ヘイは、その対策を任務としていた。1942年、最初はレーダー妨害と思われた強烈なノイズに彼は気づき、波長4～13メートルの電波で詳しく調べるうちに、それが太陽の方向から来ていることに気がついた。

実は、もともと太陽が電波を出していること自体は予測されていた。物体は、あらゆる波長の電磁波を温度に応じた強さで放っている。ということは、約6000度の太陽の表面からも、目に見える光ばかりでなく、電波が出ていてもおかしくはない。それまでこの熱的な電波を受信する試みはあったものの、装置の性能不足などで成功していなかった。ところが、ヘイが受信した電波は、予想される熱的な電波の強さの10万倍もあった。

その後、エドワード・アップルトン（第3章で紹介）との電離層に関する共同研究で、これは熱的な電波ではなく、太陽の磁場中で放射される強い電波であると結論されたのである。

その時、ちょうど大きな黒点が現れていた。前に黒点は磁石のようなものと述べたが、黒点は強い磁場を持つ。フレアで発生した高温・高密度のプラズマ中の電子が黒点の強い磁場中を運動したことで、強烈な電波が出たのであろうとヘイは考えたのである。

一方、同じ１９４２年、アメリカでも、電波技術を研究していたジョージ・サウスワースが太陽からの電波をとらえている。こちらはフレアではなく、波長１〜10センチメートルのマイクロ波という波長帯で、ついに熱的な電波をとらえたものである。その後、第２次大戦中にいろいろな人が同じように太陽からの電波をとらえていたようで、１９４４年には電波天文学のパイオニアであるグロート・レーバーも、波長１・９メートルで宇宙からの電波に加えて太陽からの電波をとらえたことを報告している。

戦後の急激な電波天文学の発展の中で、太陽は早い段階で詳しく研究された天体であった。ヘイがとらえた電波や、それ以前にノイズ増加として見えていた電波は、フレアの時に普段より桁違いに強くなった電波であった。電波は地表にも届くので、もし人間に電波が見えていたら、やはり太陽はフレアの時には桁違いに明るくなる、光で見るのとはまったく違ったものとして見えるであろう。

なお、ヘイが強いノイズを最初に観測したのは１９４２年２月27〜28日で、フォーブッシユが太陽からの高エネルギー粒子を最初に観測したのも１９４２年２月28日である。この時に現れていた黒点による活発なフレア活動が、太陽からは電波も来ており、また高エネルギーの粒子も飛んで来ているということを明らかにしたのである。

さて現代社会では、太陽のフレアによる強烈なX線や高エネルギー粒子、コロナ質量放出で飛んで来るプラズマは、どのような影響を与えるのだろうか。詳しくは第３章で紹介するが、文明社会の電子技術への依存と宇宙への進出は増す一方で、ひとたび大規模な太陽嵐が起これば甚大な影響を受ける。今までも太陽嵐は頻繁に襲来しており、いろいろなところで影響が出てはいるのだが、高度な電子社会となってからはキャリントンのフレアの時の規模の太陽嵐には遭遇していない。

しかし、これはいずれ必ず起こるものと思わなければならない。次章、そして第３章では、太陽はただ光っているだけではなく、なぜ黒点が現れたり爆発を起こしたりするのか、そして、それがどのように地球や人類の文明社会に影響するのかについて考えていこう。

第2章

なぜ太陽面で爆発が起こっているのか

2・1　磁場は爆発のエネルギーをためる

磁場が主役

それでは、なぜ太陽は日ごとに黒点の様相が変わったり、急激な爆発を起こしたりという変化を見せるのだろうか。その原因は磁場である。ここでは、図2－1のような教科書的な太陽の姿を念頭に置きつつ、磁場をカギとして太陽の変動を見てみよう。

第1章でも、黒点は磁石のようなものであると述べた。地球の磁場は、おおざっぱには北極にS極・南極にN極がある棒磁石のようになっていて、外的な原因の磁気嵐による変化は別にすると、通常、人間の目には一定と思えるくらいゆっくりとしか変化しない。

地球の表面の磁場の強さは場所によって異なるが、日本では4万6000ナノテスラ程度と表される。太陽黒点の磁場の強さは100ミリテスラの桁で、同じ単位なら0・046ミリテスラである地磁気の数千倍に及ぶ。100ミリテスラというのは健康器具の磁石の強さ程度だが、黒点は地球よりも大きいものも珍しくないことを考えると、とてつもない大きさ

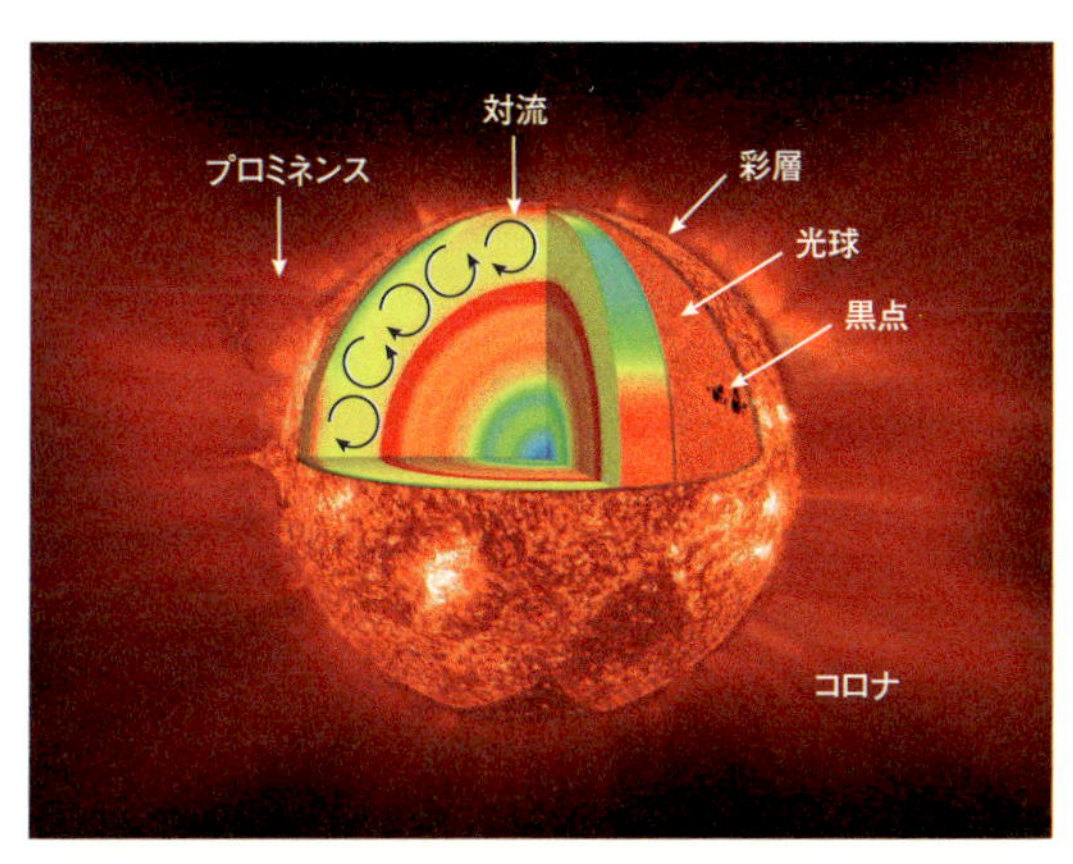

図２-１　太陽の全体構造、対流の模式図（NASA/GSFCの画像に追記）

の磁石ということになる。

多くの場合、黒点は東西に並んだ一対で太陽表面に現れるが、一方が磁石のＮ極、もう一方がＳ極である。図２-２（74ページ）のように、磁力線が棒磁石の両極を結んでいるのと同様に、両極に対応する黒点も磁力線で結ばれている。磁力線はそのままでは目に見えないが、黒点の上空にはコロナがあり、コロナのプラズマは磁力線に沿った構造を持つため、図２-２のようにまさに両極を結ぶ磁力線構造がコロナでは見られる。

また、黒点のＮ極・Ｓ極の東西方向の並びは、図２-３（75ページ）のように半球ごとにだいたい決まっていて、北半球と南半球で逆になっている。この並びはひとつの11年周

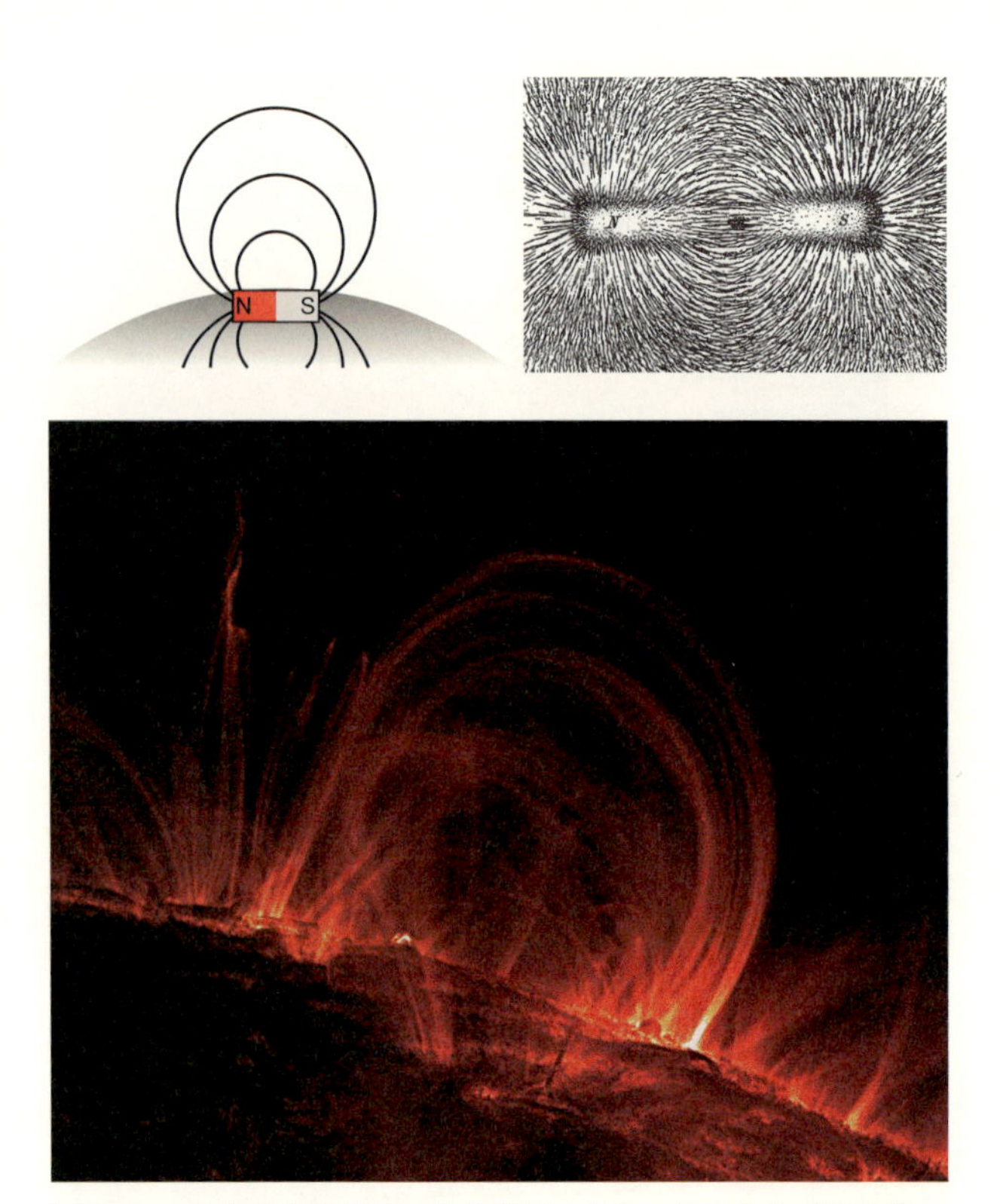

図2-2　黒点は太陽表面にある磁石であり、そこから「磁力線」が延びる（上左）。永久磁石と砂鉄による磁力線の様子と同じ（上右）。TRACE衛星が紫外線で撮影したコロナ中のループ構造は、この磁力線の構造を示している（下）。（上右：Black, N.H. & Davis, H.N. 1913, Practical Physics, p.242、下：NASA/LMSAL・スタンフォード大学/TRACE）

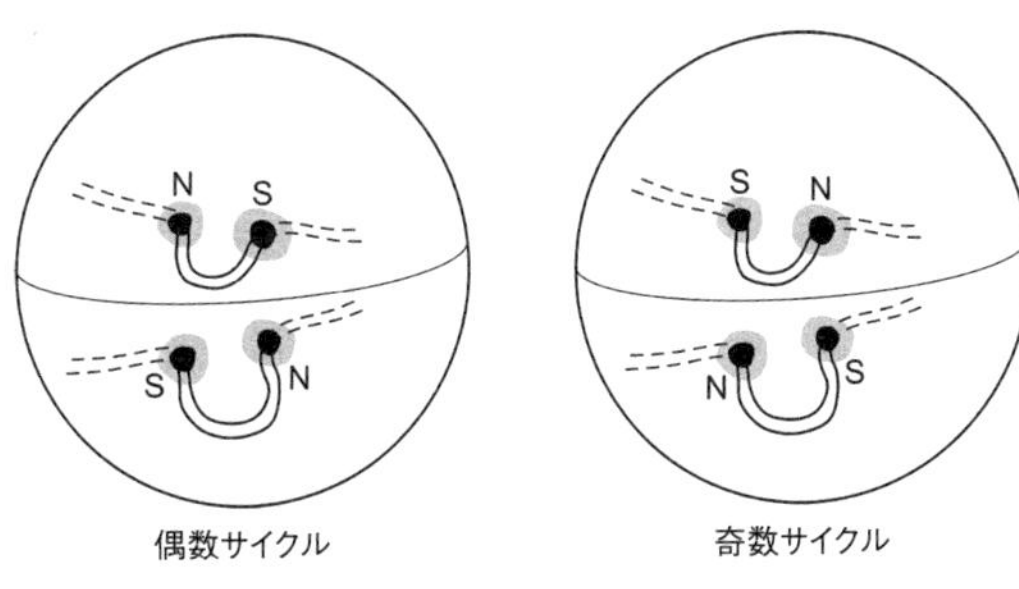

図2-3　太陽黒点の磁場極性の変化。北半球と南半球では磁極の並びが逆で、さらに偶数サイクルと奇数サイクルでは、黒点は同じように現れるように見えても、磁場極性が反転している。

期の間は一定だが、次の11年周期になると逆のS極・N極の並びに入れ替わる。磁場が元に戻るには11年が2回分必要なので、磁場の観点からは太陽の活動周期は22年であるともいえる。

第1章の図1-10（45ページ）（e）には、同図の黒点画像などと同じ日に偏光観測という手法でとらえた太陽表面の磁場の分布を示している。白がN極、黒がS極である。黒点は特に磁場が強いところだが、黒点の周辺にもやや強い磁場が分布している。さらに、それ以外のところにもN極の領域、S極の領域が広がっていて、太陽表面には磁場がないところがないといってよい。それらも図2-4（76ページ）のように磁力線で結ばれていて、コロナの構造はこのような磁力線が形作っている。黒点はゆっくりと変化していっているが、これら磁場全体の様子

図2-4　磁場に覆われる太陽。SDO衛星のAIA装置で観測された太陽の紫外線像と、計算された磁力線の様子。（NASA/SDO/AIA/LMSAL）

もどんどん変化している。

これらの磁場は、太陽内部にあるもっと大きくて全体的な構造に乗っており、その全体の構造もゆっくりと変化していく。太陽表面に見えている磁場は、図2-3（75ページ）のように、もともと太陽内部で作られた磁束管（磁力線の束）が表面に浮いて出てきた部分で、その断面が黒点として見える。

太陽内部では、太陽表面の下で磁力線が束になった磁場が強い部分が、ひも状に長く伸びる形で形成されるので、これを「磁束管」と呼んでいる。それでは、その太陽内部の磁場というのはどうしてできたのだろうか。

太陽内部で磁場が生まれる

それには、太陽内部のプラズマの2種類の動きが重要な働きをしている。プラズマというのはすでに紹介した通り、本来、原子の中に閉じ込められている電子が高温のために原子から飛び出している状態を指す。太陽の中心での核融合反応で放出されたエネルギーを運ぶ光が、周囲のプラズマにぶつかりつつも外へ移動していく。その光がある程度表面近くまで来ると、ますます外へと進むのを邪魔されるようになるため、外へ出る前に熱に変わってしまい、太陽内部で周囲のプラズマを加熱するのだ。

熱せられたプラズマは膨張して軽くなり、浮力で上へ浮き上がってくる。これが図2-1（73ページ）で示した対流で、ちょうど鍋を火にかけると中の水が沸く、つまり底の方の水が熱せられて浮き上がってくるようなものである。上がってきた高温のプラズマが光を発するのが、太陽の輝きである。この対流によってプラズマが強制的に動かされることになる。これが一つ目の動きである。この対流の動きは、太陽表面では毎秒300～500メートルの速さのプラズマの流れとして見える。

また太陽の自転速度（角速度）は図2-5（78ページ）のように緯度によって異なっていて、「差動回転」と呼ばれている。地球では、例えば日本から南の方に行くとインドネシアにいつもぶつかるわけで、日本もインドネシアも同じ自転速度で回っている。しかし、太陽では赤道に近い方が自転速度が速く、地球に置き換えれば、インドネシアは日本よりどんどん東

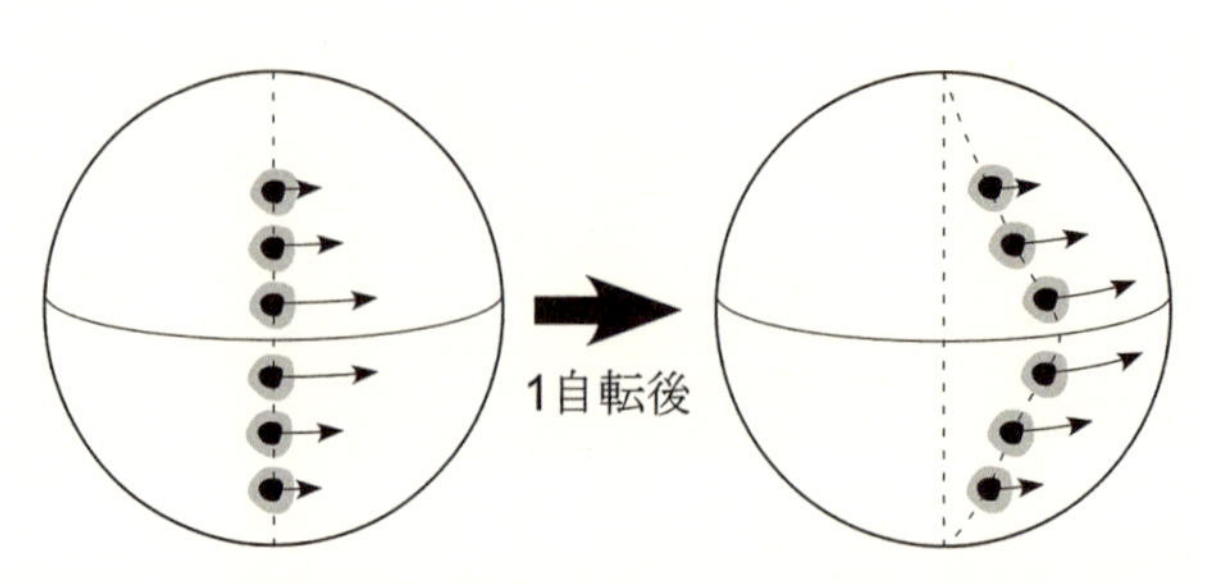

図2-5　差動回転の模式図。赤道の方が自転が速いので、例えば左のように縦に一列に並んだ黒点があっても、1周すると赤道に近い黒点の方が前に出ている。

ヘズレていき、わずか2カ月半後にはアフリカのケニアが日本の南に来るということになる。

また、図2-6の左の図のように、表面だけでなく太陽内部でも緯度による差がある。しかも対流がない最内部とその外側の対流を起こしているところで大きなズレがある。これが二つ目の動きである。

このように強制的にプラズマが異なる動きをさせられる時、そこに電流が発生し、その電流が磁場を作る。磁場が変化すると、今度はまた電流が発生する。つまり、プラズマが存在し、それが強制的に動かされるような状況になると、必然的に磁場が発生するのである。これを「ダイナモ作用」と呼んでいる。

これが、黒点や太陽面爆発はもとより、それを作り出す磁場の変化、そして11年周期での磁場の盛衰といった太陽の磁気活動のすべての源である。

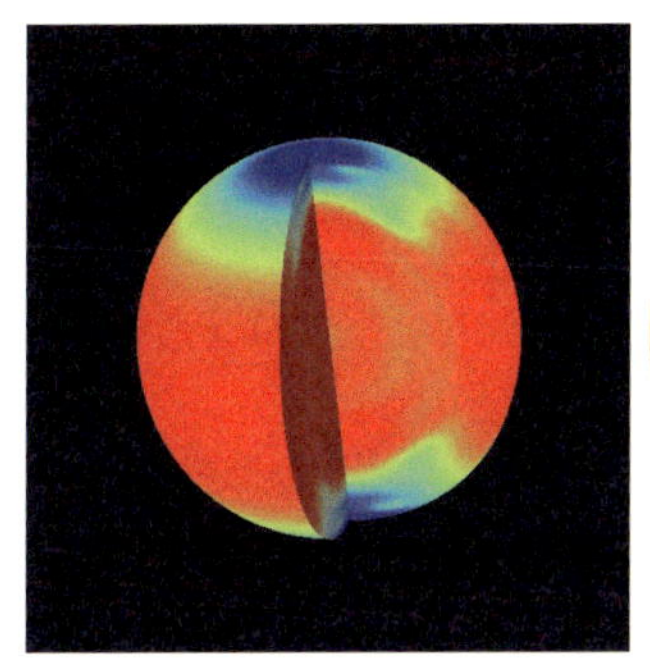
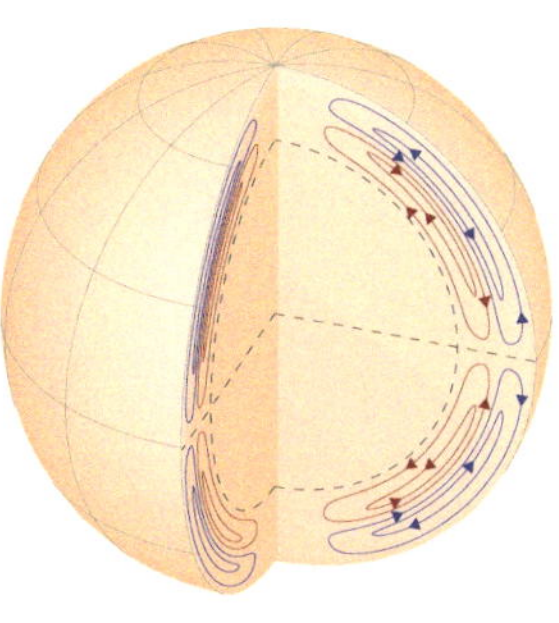

図2-6　（左）差動回転と（右）子午面還流。差動回転の図で、色は自転速度の違いを表している。表面を見ると赤道の方が速く自転しているが、太陽内部にも自転速度の違いがある。子午面還流は、表面に近い対流層と呼ばれる部分での、赤道と極の間のプラズマの流れである。（SOHO MDI〈ESA & NASA〉・スタンフォード大学、NASA/SDO/HMI/Zhao, J.）

11年というような長期的変化には、対流や差動回転よりさらにゆっくりとした運動、図2-6の右にあるような、「子午面還流」という赤道と極の間の流れが大きな役割を果たしている。子午面還流の速度は秒速15～20メートルで、地球でいえば台風並みだが、太陽ではこれがゆっくりとした速度である。

先に、黒点は内部の磁束管が表面に浮いてきた断面と書いた。磁場には浮力があり、浮いてくる性質がある。この浮力の原因は、磁場が外へ膨らもうとする圧力である。プラズマにも膨らもうとする圧力があり、磁場が強いところでの磁場とプラズマを合わせた圧力と、磁場がないところのプラズマだけの圧力は自然に釣り合う。

ところが、磁場が強いところでは、磁場に圧力がある分だけ少ないプラズマ量でプラズマだけの圧力と釣り合うため、磁場があるところはプラズマが周りより薄くなり、軽くなる。軽くなって一部が上昇すると、さらにその部分が上昇しやすくなり、このようにして、図2-3（75ページ）に示したように、磁場が表面にまで浮いてくるのである。

黒点はなぜ黒いのか

黒点が黒く見えるのは温度が低いからだが、温度が低い理由は、あまりにも磁場が強いために、先に説明した太陽内部のエネルギーを表面に運ぶ対流が阻まれてしまい、周囲よりエネルギーの供給が減るからである。このため黒点では温度が下がり、周囲の太陽表面の温度が6000度程度であるのに対して、黒点は典型的には4000度程度である。

黒点は温度が低いといっても4000度もあり、夜空に見える星の中にはこの程度の温度で明るく輝く星、例えば3600度程度のベテルギウス（オリオン座α星で1等星。星座の中で明るい星にはギリシャ文字の符号がつけられている）、4200度程度のアークトゥルス（うしかい座α星でやはり1等星）といった星がある（温度はいずれも絶対温度）。

ベテルギウスやアークトゥルスといえば、その色が橙色から赤であることを思い起こす方もいると思う。４０００度前後で輝いているものは橙色〜赤に見えるのが自然であり、通常暗いとか黒いとかしか表現されない黒点も、実は周りよりかなり赤い色をしており、白い太陽面上にベテルギウスやアークトゥルスのような色の斑点があるのが黒点である。

２・２　磁場は爆発を起こす

太陽表面で見えるゆっくりとした変化と急速な変化

日ごとに黒点が変化するのは、太陽内部で磁場を形成し、表面に黒点を出現させるプラズマ運動、つまり対流と差動回転が、同時に表面に現れた黒点を変化させていくことが原因である。核融合で太陽が産出するエネルギーの一部が対流というプラズマの運動になり、その副産物として磁場ができ、それが黒点として見えているというわけである。太陽が産出するエネルギーの一部とはいえ、プラズマの運動のエネルギーは巨大で、黒点はそれに押し流されて変化している。

一方、太陽表面で起こっている爆発は、徐々に変化する黒点とはまったく異なる、激しく急速な現象である。これも同じ磁場のエネルギーが関係しているが、激しい現象になる理由は次のようなものである。

図2‐2（74ページ）、図2‐3（75ページ）にある通り、黒点は浮き上がった磁場の束、磁束管の断面なので、磁束管自体は太陽表面より上にも延びている。太陽表面より上には太陽コロナがあるが、これは大変希薄なプラズマである。希薄である分、プラズマのエネルギーは太陽内部に比べて非常に小さい。

一方、磁場のエネルギーは、磁力線は太陽内部から外側までつながっているわけなので、太陽の外に出たからといって急になくなるわけではない。結果として、太陽の表面より上では磁場のエネルギーの方がプラズマのエネルギーより大きくなる。この磁場のエネルギーが、急激に熱などのエネルギーに変わるのがフレアである。

フレアを起こす、つまり磁場のエネルギーを熱に変えるには、まずその分の磁場のエネルギーをためなければならない。これも、太陽本体のプラズマの運動がその役割を担っている。プラズマの運動が磁場を押し流していく際に、磁力線を集めたりねじったりすると、磁場のエネルギーは増えていく。といっても、巨大なエネルギーを持つ太陽内部プラズマにとっては、磁力線を動かす力は取るに足らないものである。

磁場の発生と同様、太陽内部プラズマの運動の副産物として磁場のエネルギーがたまっていく。磁場が強い黒点とその周辺は、大きな磁場のエネルギーの蓄積が起こるところでもあるので、太陽フレアは黒点の周辺で起こることが多い。

急速な変化はどのように起こっているのか

このようにして蓄積された磁場の持つエネルギーは、周囲に導体があると電流のエネルギーに変わることができ、電流のエネルギーが熱に変われば周りより高温の部分が発生する。フレアにおいては、もともと熱エネルギーより大量に空間に含まれている磁場のエネルギーから新たに熱エネルギーが発生するので、もともとの周囲の温度よりはるかに高温になり得るわけである。

この、もともとの熱エネルギーというのは、１００万度以上という高温のプラズマである太陽コロナのエネルギーである。約６０００度の太陽表面より上にこのような高温のプラズマがあるのは奇妙だが、コロナが希薄であるため、太陽本体からわずかなエネルギーが磁場を通じてコロナに供給されるだけで、高温になる。コロナは高温であるため、ほとんどすべての原子は電子を放出していて、大変電気を通しやすい状態になっている。これが、磁場の持つエネルギーが電流のエネルギーに変わる際には重要な役割を果たす。

磁場のエネルギーが熱に変わるのが急激であれば、周辺のプラズマが爆発的に、100万度よりもはるかに高温になる。これが、フレアという激しい現象の本質である。はなはだしい場合には、温度に換算すると1億度にもなるようなエネルギーを持ったプラズマが生じ、原子核同士の反応さえ引き起こすほどである。太陽内部では中心核まで行ってようやく核融合という原子核同士の反応が起こるようになるのだが、太陽フレアではコロナ中で核反応が起きることもあるわけだ。

磁場のエネルギーがどのようにして急激に電流に変わるのか、つまり、だらだらとエネルギーを流出させるのではなく、エネルギーがたまった状態になった後で一気にエネルギーが解放されるということになる詳細なメカニズムは、研究者間でも多少議論のあるところだが、磁力線同士のつなぎ替えが急激に進んでエネルギーが解放されるという説明が広く受け入れられている。

磁力線のつなぎ替えは、図2-7のように、異なる方向を向いた磁力線が、プラズマのように電気を通す物質の中で衝突する時に電流が流れ、文字通り元の磁力線とは異なるつなが

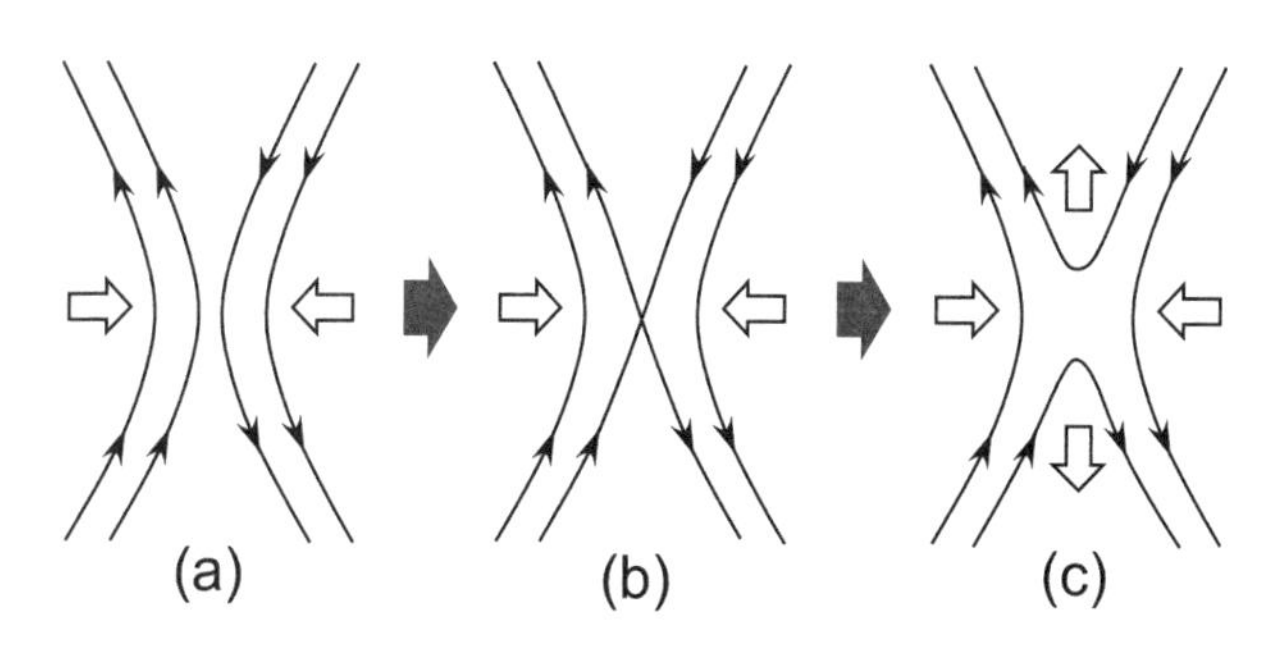

図２-７　磁力線のつなぎ替え。(a) のように、互いに反対を向いた磁力線が接近し、(b) を経て (c) のようにもともと別の磁力線だったものがつながる。

り方に変わってしまう現象である。日常にはなかなか縁のない現象ではあるが、プラズマのあるところではよくある現象である。

地球の磁場でも大気圏外に出れば磁力線はプラズマ中を通っているので、図３-７（１１８ページ）のように、太陽に向いた側では太陽から来た磁力線と地球の磁力線がつなぎ替わり、逆に太陽とは反対側の磁気圏の尾部と呼ばれるところではそれが元に戻る、というつなぎ替えを起こしている。太陽のコロナ中でもいたるところでこの磁力線のつなぎ替えが起こっていると考えられ、これが大きな規模で一気に起こったものが太陽フレアとして見えているのである。

太陽フレアの姿

太陽フレアは太陽面の爆発で、それが起これればいろ

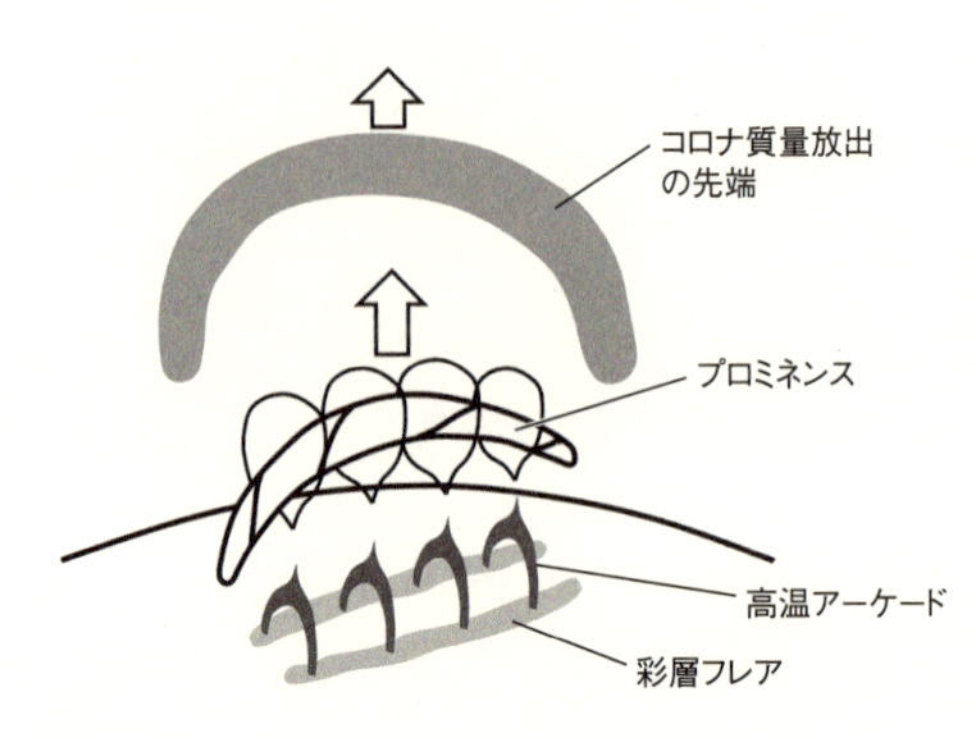

図2-8　フレアとコロナ質量放出の模式図

いろな波長で明るく輝くと述べてきたが、ここで、もう少し具体的な姿を見てみよう。

フレアの時の磁場構造はいろいろな形があるが、図2-8はそのひとつの典型で、特に後述するコロナ質量放出を、それも「プロミネンス」(図2-1、73ページ)を巻き込んだ形で起こす磁場構造の典型でもある。

プロミネンスは、図1-10(45ページ)(b)のように彩層の画像だと黒い筋のように見えている、コロナの中に浮いている温度1万度ほどのガスの塊である。彩層を背景にして黒く見えているものは「フィラメント」ともいう。プロミネンスの部分とその下のアーケード状の部分は、もともと磁力線でつながっていたものが、つなぎ替えによって上と下へ分かれていく。アーケード状の部分には特に高温のプラズマがたまり、これがX線や紫外線で明るく輝く。

図2-9（88ページ）、図2-10（同）は、第3章でも紹介する2000年7月14日の「X5・7フレア（このような呼び方については後で説明）」の様子で、X線で見た太陽全体の明るさが、フレア発生前の100倍にもなっていることが分かる。

図2-10の紫外線画像のように、実際に強烈に輝いているのは太陽の一部であり、そこを詳しく見ると、実際にアーケード状にループがたくさん並んでいるのを上から見ている構造が、紫外線で見えるのが分かる。

フレアは基本的にコロナの現象だが、フレアで発生したエネルギーは、彩層という、通常見えている太陽の表面より上の層にも流れ込む。これにより、アーケードの足元に当たる部分の彩層もやはり高温になる。

図2-10の彩層画像では、帯状に2本明るく輝いているところがあるのが見えている。ちょうどこれが図2-8のアーケードの足元に相当している。この彩層の輝きは、水素の出す赤い光であるHα線などによるものなので、特定の波長だけを通すフィルターを使えば、見ることができる。

現在は、人工衛星でコロナを観測してフレアをとらえるのは当たり前のことだが、これは最近になって可能になったことであり、以前はフレアはこのようにHα線でとらえる方が普

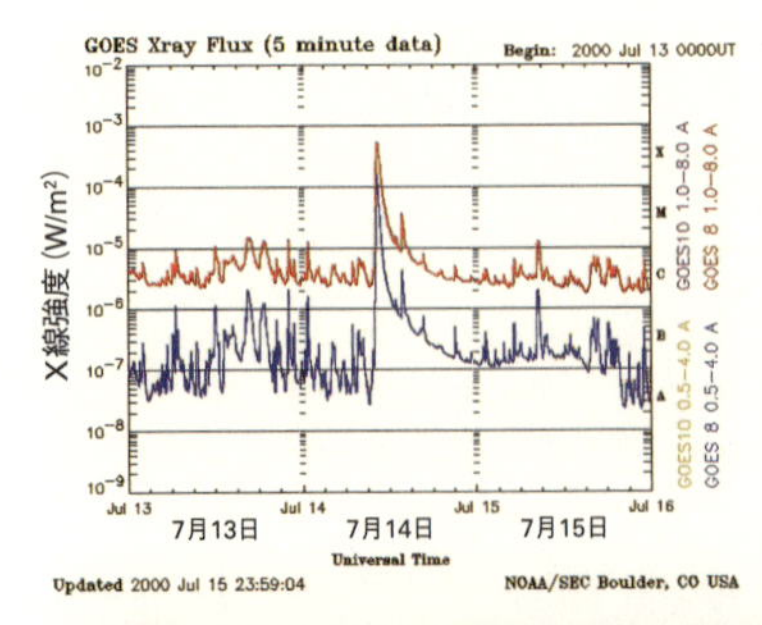

図2-9　2000年7月14日のフレア前後3日間の太陽のX線強度の変化。急激に上昇しているのがフレアで、X線強度がフレア発生前の100倍になっている。GOES衛星による測定。(NOAA/SWPCによるデータ、SolarMonitor.org提供)

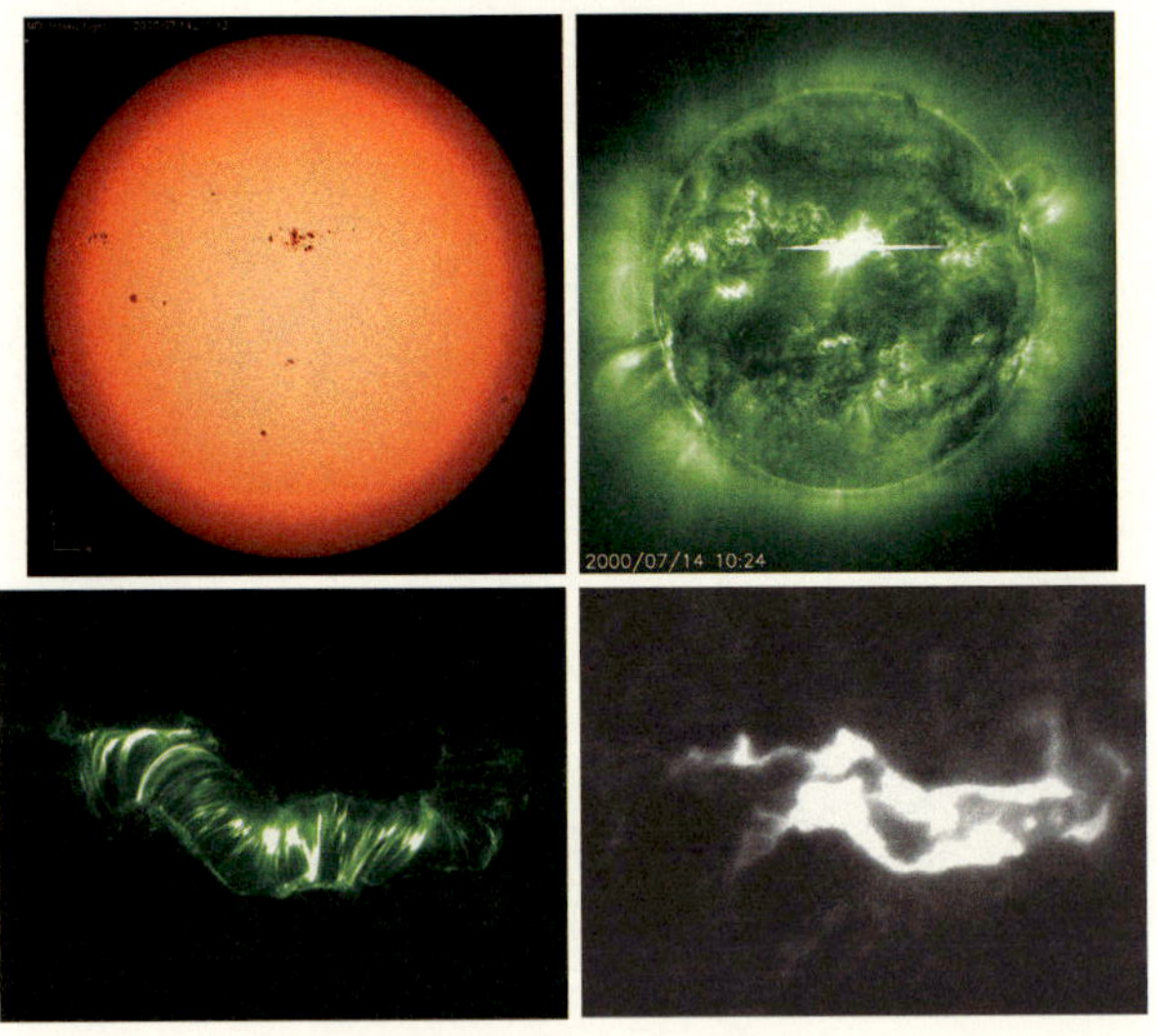

図2-10　上は、2000年7月14日のフレアの時の、太陽全体の黒点の画像（上左）と紫外線画像（上右）。下は、紫外線で見たコロナ（下左）と、水素のHα線で見た彩層（下右）の、フレア部分の拡大像。(上左：SOHO MDI〈ESA & NASA〉、スタンフォード大学、上右：SOHO EIT〈ESA & NASA〉、下左：NASA/LMSAL・スタンフォード大学/TRACE、下右：北京天文台)

通で、今でも地上の望遠鏡の観測では広くHα線での観測が行われている。

特に大きなフレアで、彩層よりさらに深く、光球という通常見えている太陽の表面にまでエネルギーが達すると、キャリントンのフレアで見えたような白色光フレアとして観測される。図２‐８の、プロミネンスとその外側のコロナの部分はコロナ質量放出として太陽系へと飛んで行くが、これについては後ほど説明しよう。

フレアの規模と頻度

１８５９年にキャリントンらは、太陽の光球が輝く現象としてフレアを観測したが、現在では前項のようにＸ線や紫外線でコロナが爆発的に輝くのを観測できる。フレアが起こった時には、太陽全体からのＸ線・紫外線が桁違いに増えることも紹介してきた。

現在では、図０‐２（４ページ）や図２‐９で示したように、アメリカの気象衛星ＧＯＥＳが搭載しているＸ線測定装置が太陽のＸ線強度を常時測定しており、その結果に基づくフレア最大時の太陽全体の明るさで、フレアの規模を定量的に表す習慣になっている。

まえがきで紹介したフレア活動の中で、９月６日に発生した最も大きいフレアは、最大Ｘ線強度が１平方メートルあたり９・３×10^{-4}ワットであった。この最大Ｘ線強度が、この前後のフレアが起こっていない時の約１０００倍になっているので、「通常の１０００倍」という表現になっていた。

これを「Ｘ９・３フレア」と呼ぶのだが、これは、最大Ｘ線強度が１平方メートルあたり10^{-4}ワットの桁のものをＸクラスフレア、10分の１の10^{-5}をＭクラスフレア、さらに10分の１はＣクラスフレア……とする分類に、仮数部の９・３をつけて、Ｘ９・３としたものである。Ｘクラスの10倍の10^{-3}の桁のフレアも起こるが、特別なクラス名はなく、Ｘ10などとすることになっている。

Ｘクラスの大フレアともなると、そのＸ線やコロナ質量放出の地球への影響が心配される規模である。前節の２０００年7月14日のＸ５・７フレアを含め、第3章で紹介するようないろいろな影響を引き起こしたフレアは、多くはＸクラスフレアである。

図２-11に、年ごとの黒点相対数とＸクラスフレアの数を示した。２００９年に始まる第24太陽活動周期では、周期全体で49個のＸクラスフレアが発生しており、その最大のものがまえがきで紹介した２０１７年9月6日のものである。

規模が小さいフレアはもちろん数が多く、Ｍクラスフレアは Ｘクラスフレアのざっと10倍、Ｃクラスならさらに10倍となる。

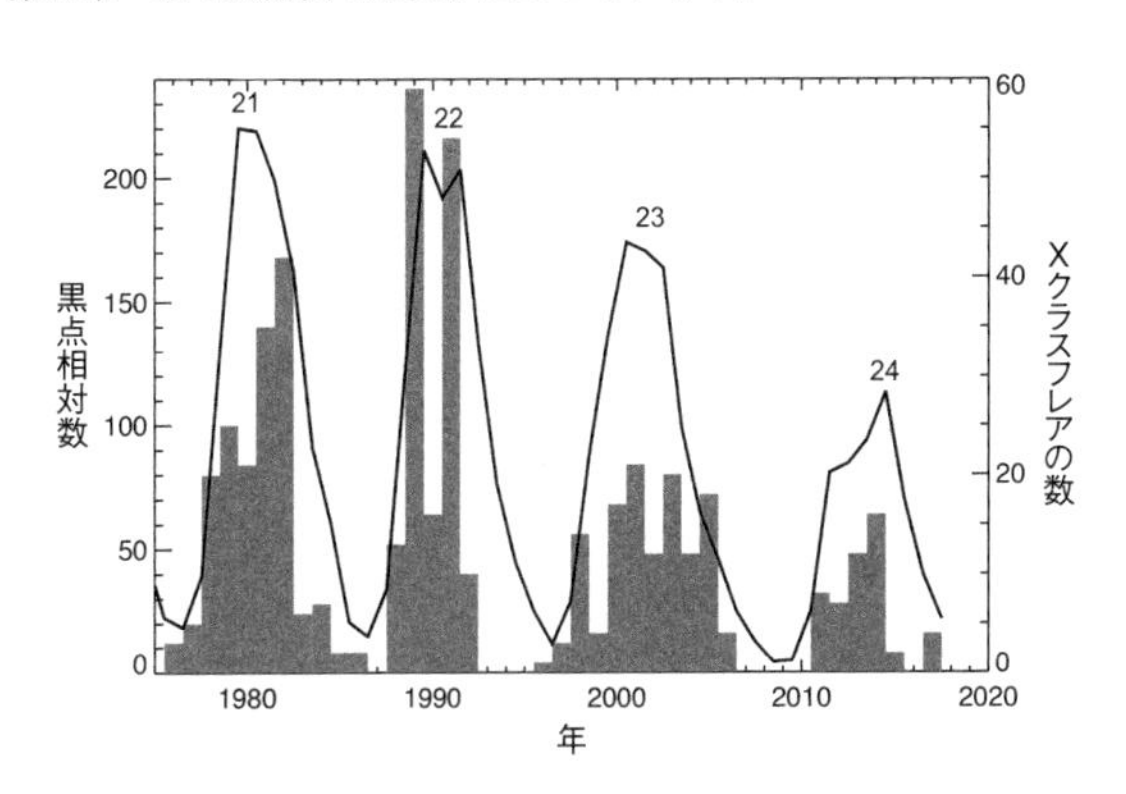

図２-11　年ごとの、黒点相対数（折れ線グラフ）とXクラスフレアの数（棒グラフ）。太陽活動期の番号も示している。Xクラスフレアは、極小期にも起こることがある。（ベルギー王立天文台SILSO及びNOAAのデータに基づく）

Xクラスフレアは太陽活動極大期に多く発生し、一年あたりのXクラスフレアの数は、第24太陽活動周期では２０１４年の16個が最大だった。

しかし、太陽活動がもっと活発だった第22太陽活動周期には、50個を超えるXクラスフレアが発生した年がある（１９８９年と１９９１年）。

だが、図２‐11の、黒点活動とXクラスフレアの数の比較で分かるように、２０１７年9月のものも含め、太陽活動の極小期であっても、Xクラスフレアが発生することがある。

爆発は惑星間空間にプラズマを吹き飛ばす

太陽フレアは、太陽の一部が爆発的に明るくなる現象だが、第1章で触れたように、フレアを起こす太陽表面で起こる大規模な磁場エネルギーの解放現象では、コロナ中の磁場の一部をそこにあるプラズマごと吹き飛ばすという現象も起こっている。これを「コロナ質量放出」と呼んでいる。

図2-8（86ページ）のような、磁力線がつなぎ替わった際にできる太陽面から切り離された磁力線ループは、もはや太陽面から延びる磁力線に束縛されず、上空へと飛び去ってしまう。

こうして、太陽から惑星間空間へと磁場とその中のプラズマが飛ばされるのがコロナ質量放出である。フレアが太陽表面で光っているのとは違い、惑星間空間へ直接ものが飛んで来る、つまり、もちろん地球にも到達することがあるので、変化する太陽の最も直接的な影響を与えるものとなるわけである。

コロナ質量放出は、先に紹介したプロミネンスを巻き込むことも多い。図2-8は、そのようなコロナ質量放出の模式図である。

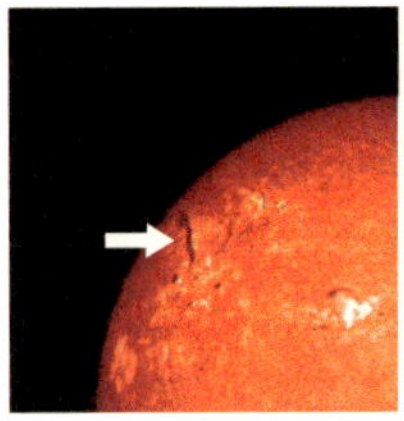
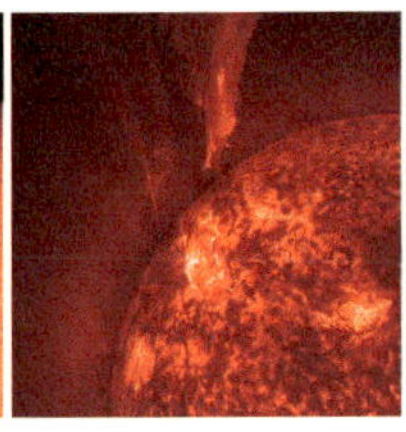
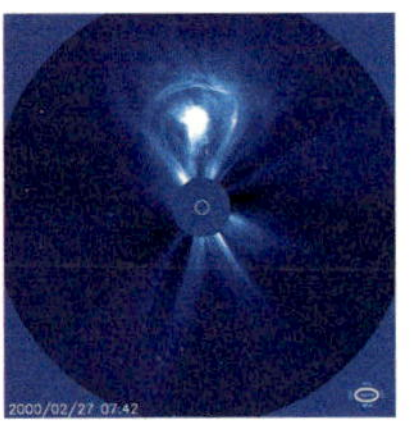

図2-12　2000年2月27日に発生したコロナ質量放出。ハワイのマウナ・ロア天文台で撮影されたHα画像には、噴出前のプロミネンスが細く黒くとらえられている（左、ダークフィラメントという。矢印のところ）。これが噴出したところの紫外線画像がSOHO宇宙機のEIT装置によってとらえられ（中）、周囲のコロナとともに大きく広がったところが同じSOHO宇宙機のLASCO装置によってとらえられた（右）。中心の明るいところが、もともとプロミネンスだった部分。太陽本体は遮光円盤で隠されていて、太陽の大きさが白い円で示されている。（高高度天文台マウナ・ロア太陽観測所、SOHO EIT及びLASCO〈ESA & NASA〉）

図2-12に、実際にこのようなコロナ質量放出が観測された例を示した。もともと、図のHα画像にあるように、黒点の近くにプロミネンスがあり、これが周辺のコロナとともに飛び出したのである。紫外線画像ではプロミネンスが飛び出して画面からはみ出すように上昇している。さらに数時間後には、放出されたコロナが大きく上昇して太陽よりもはるかに大きく広がっているのが分かる。この中心にあるのがもともとプロミネンスだった部分で、その周囲が飛び出したコロナプラズマである。

このようなコロナ質量放出とは別に、光速に近い粒子も含む太陽宇宙線も、フレアの時には飛んで来る。コロナ質量放出であれば、地球に来るまで典型的には2～3日かかるが、太陽宇宙線は、フレア発生後すぐに観測される。このような高エネルギー粒子は、フレアの磁場中に生じた衝撃波によって加速され、飛んで来るものと考えられている。

2・3　黒点やフレアは他の星にもある

星のひとつとしての太陽

太陽は表面が見える星なので、黒点やフレアの姿を見ることができる。では、他の星々はどうなのだろうか。太陽は特に変わった星ではないので、他の星にも黒点やフレアがあっても不思議はない。星は遠すぎて表面を見ることはできないと思われるかもしれないが、間接的な証拠と理論的根拠から、遠くの星の表面についても次のようにいろいろなことが分かってきている。

夜空に輝く星には、太陽黒点と同じくらい低温で赤い星もあれば、太陽より高温で青い星もある。図2‐13は一般的な天文学の紹介に欠かせない「色―等級図（ヘルツシュプルン

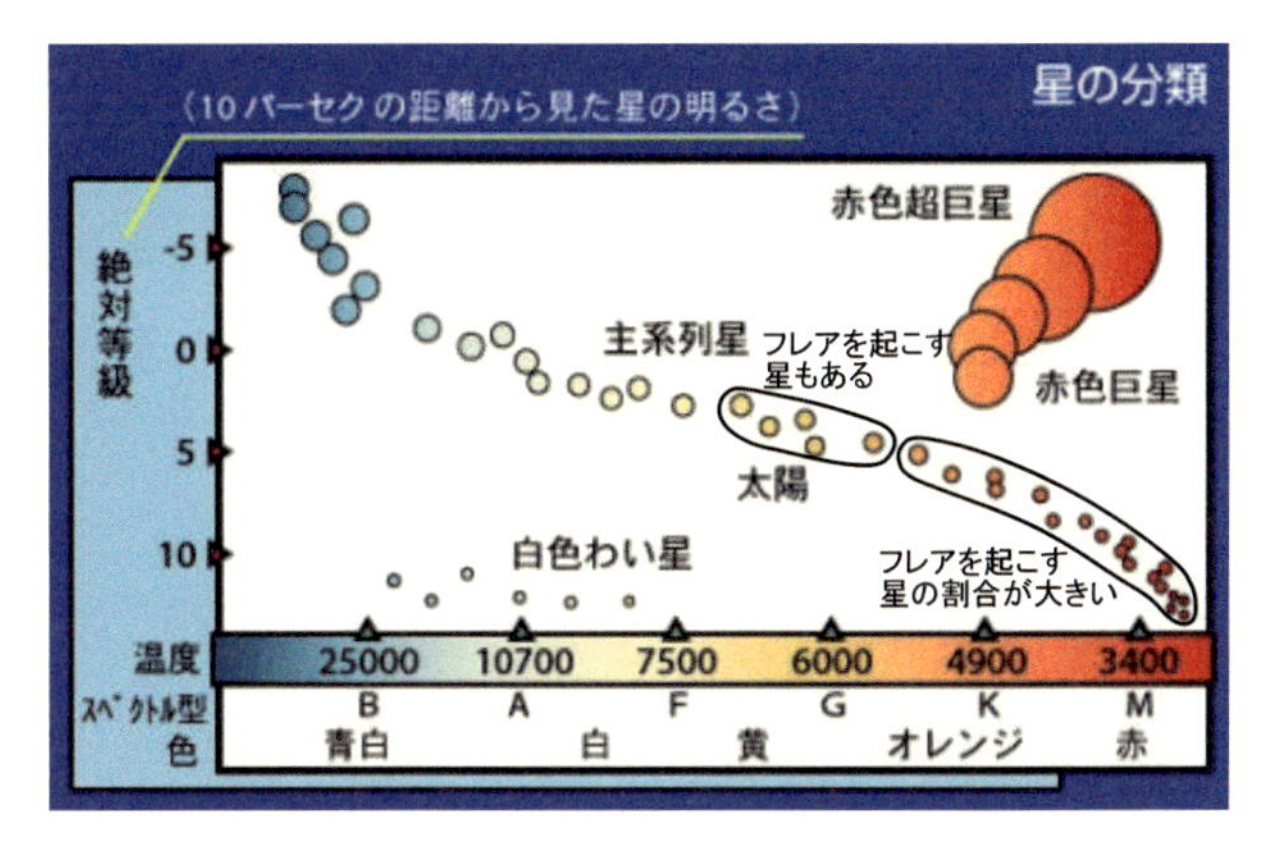

図２-13　恒星の色一等級図。ケプラー衛星で観測された、フレアを起こす星が多いグループも示した。太陽より低温の星で、特によくフレアが観測されている。（JAXA画像に、Balona, L.A. 2015, Mon. Not. R. Astron. Soc. 447, 2714の結果を追記）

グ・ラッセル図）」である。この図はその名の通り、星の色と明るさの関係を示す図だが、特に、「主系列星」と呼ばれる一列に並ぶ星々には、色と大きさ・明るさの間に一定の関係があることが見て取れる。星は、生まれたての時期・最期に近い時期以外は、この主系列の中にいる。

特に主系列星は、図２-13ではいかにも赤い星から青い星まで徐々にその性質が変わっているように見えるが、実際には赤い星と青い星では大きな違いがある。太陽同様の白い星から赤い星にかけては、巨星を含め太陽に見られる磁気活動があって、黒点がありフレアも起こっている。

一方、青い星では太陽に見られるような

磁気活動はない。これは、先に紹介した太陽内部で磁場を作る対流が、低温の赤い星では活発に働いているのに対して、表面まで温度が高い青い星では対流なしで内部のエネルギーを外へ放出しているからである。

つまりこの図では、太陽あたりから赤い側の星には、のっぺりとした表面ではなく黒点を書き込んでおいてもよいくらい、磁気活動は赤い側の星には特徴的なものである。

星の巨大な黒点や巨大なフレア

赤い側の星では、太陽を見ていて想像できるよりはるかに巨大な黒点や巨大なフレアを起こす星が珍しくないことも知られている。そのような星では、黒点が表面に現れれば星全体が暗くなったかのように見え、フレアが起これば今度は星全体が明るくなる。図2-13（95ページ）では、この様子をケプラー衛星（第3章で紹介）で観測した結果も示しており、太陽より低温の赤い星で、特によく巨大なフレアが観測されていることが分かる。

実は太陽の明るさも、大黒点が現れると0・1%単位で暗くなるのだが、特別な方法で測らなければ分からないほどの変化である。フレアが発生した時も、X線や電波では太陽が何百倍、何千倍にも明るくなったかのように見えるものの、普段見ている光では変化は極めて

図２-14　かじき座AB星という、磁気活動による巨大な黒点やフレアを発生し、コロナもある星の想像図。(Cameron, A., Jardine, M. and Wood, K., University of St Andrews)

小さい。まさに「変わらぬ太陽」である。一方、一部の星では、太陽が目に見えて暗くなったり明るくなったりすることに相当することが実際に起こっているのである。

なお、星の黒点も、太陽と同様、星の自転とともに表面を移動していく様子がとらえられている。といっても、もちろん星の表面の様子が直接望遠鏡で見えるわけではないので、星のスペクトルを使って、星の表面の暗い部分からの光のドップラー効果の、自転による変化をとらえているのである。

図２-14はそのようにして推定された、「かじき座ＡＢ」という星の様子の想像図である。かじき座というのは、天の南極から遠くない、大マゼラン雲がある星座である。

この星はわずか12時間ほどの周期で自転しており、磁気活動が活発で、図2-14（97ページ）のように巨大な黒点があることが分かっており、コロナもあって巨大なフレアを起こしている。なお、ABというのは、星座ごとに変光星に順番につけられた記号のひとつである。この星の大きさは太陽と大差ないが、もっと大きな星では、太陽そのものより大きな黒点が現れることもある。

また、アルゴルと呼ばれるペルセウス座β星では、巨大なコロナ質量放出と思われる現象が観測されている。アルゴルは実は3つの恒星からなっているが、主要な2つの星は図2-15のように近接して回り合っていて、地球から見るとお互いを隠すように重なって見えることがあるため、明るさが2〜3等で周期的に変化する変光星である。

ギリシャ神話では、ペルセウスは英雄で、それを目にしたものは石になってしまうという怪物メドゥーサを退治し、その首を腰につけた姿で星座になっている。アルゴルはメドゥーサの首の位置にあって「悪魔の星」と呼ばれているが、これはその明るさが変わることからではないかともいわれている。

図2-15を見て、2つの星はいくらなんでも近すぎるのではないかと思われるかもしれないが、実際この2つの星は、直径の2倍ほどしか離れていない。この片方が巨大なX線フレ

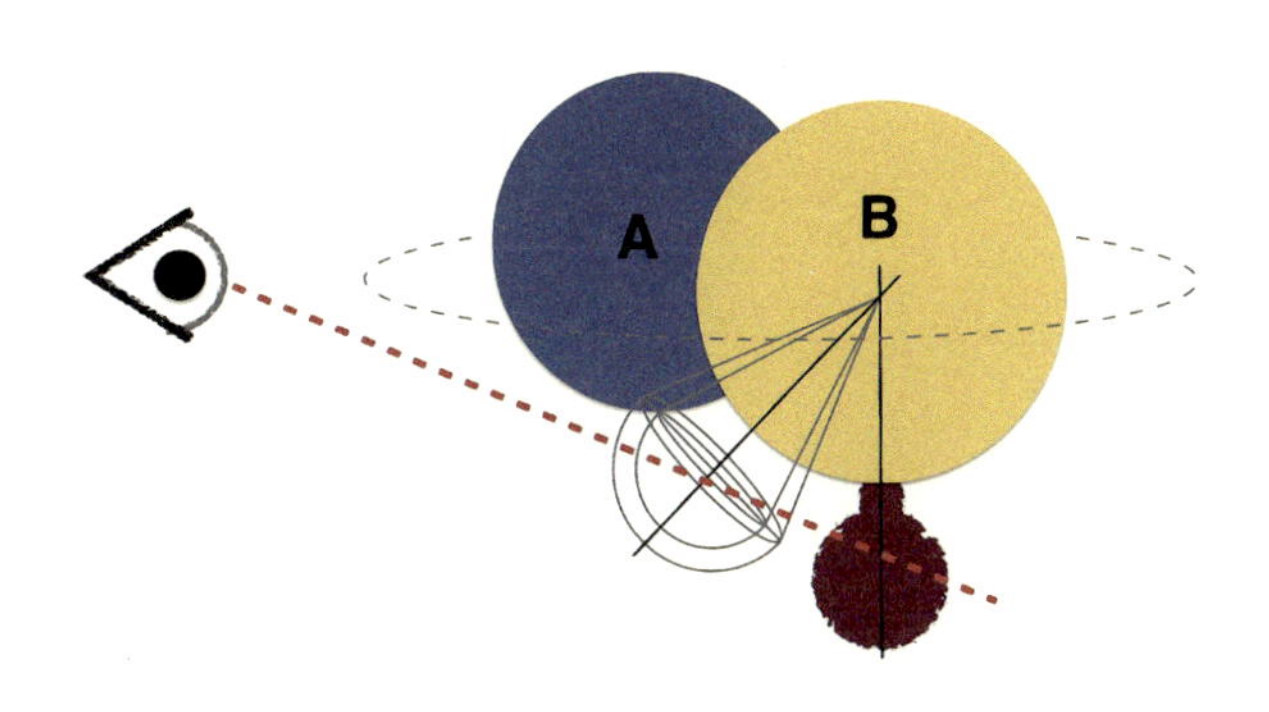

図2-15　アルゴルで観測された巨大コロナ質量放出の模式図。星Bの南極付近で発生したフレアプラズマ（赤色）を、手前側に噴き出したコロナ質量放出プラズマ（黒線で描かれた円錐）が隠している。(AASの許諾によりMoschou, S.-P. et al. 2017, "A Monster CME Obscuring a Demon Star Flare", Astrophys. J. 850, 191より転載)

アを起こしていることが知られているが、あるフレアの時に多量のものが噴き出している形跡が見られたのである。

観測したのは、もともとガンマ線バーストという、X線よりエネルギーの高いガンマ線で天体が短時間輝くという現象をとらえることを目的とした、BeppoSAXという人工衛星に搭載されたX線望遠鏡だった。このように星の世界では、太陽で見える現象がはるかに大きな規模で起こっている。

巨大な黒点・フレアを見せる星は基本的に、磁場を生成する要因として先に紹介した対流や自転が太陽より強い星であり、例えば太陽よりもっと赤い星でより大規模な対流を起こしている星や、太陽よりも速く自転している星である。

繰り返すが、太陽の自転は、地球から見た見かけの周期が27日である。この周期は、その自転が原因となって作り出される磁場が、プラズマとともに太陽系へと流出していく時に角運動量を持ち去るため、だんだんと遅くなっていると考えられている。逆に、過去には太陽の自転はもっと速かったはずなので、太古太陽の黒点は今よりも巨大で、強力なフレアが起こっていたと思われる。

それに比べれば、現在の太陽は、「変わる太陽」といっても静かに変動する太陽である。それでもその変動は、次章で詳しく述べるように現代の文明社会に時として脅威になるほどのものである。

第3章
脅威の太陽

3・1　太陽面爆発と電離層

文明化した社会と宇宙天気

前章では、太陽の黒点や表面での爆発について紹介した。多くの方にとって、太陽に黒点があろうとなかろうと、爆発が起ころうと起こるまいと、しょせん地球から遠く離れた星の世界の話、という印象しかないかもしれない。

しかし、実際には第1章ですでに紹介した通り、太陽での現象は文明社会に影響していて、現代文明のインフラに打撃を与える災害の原因ともなり得る。地震や台風など気象災害と違って、現象そのものが直接実生活に影響するわけではないといっても、やはり自然現象が災厄を発生することに変わりはない。そこで現在では、実生活に影響する気象現象になぞらえて、太陽がその活動現象を通じて惑星間空間・地球に影響する様々な現象を、「宇宙天気」と呼んでいる。

現在は、太陽が引き起こす宇宙天気現象の中でも特に激しいものは「太陽嵐」と称して、

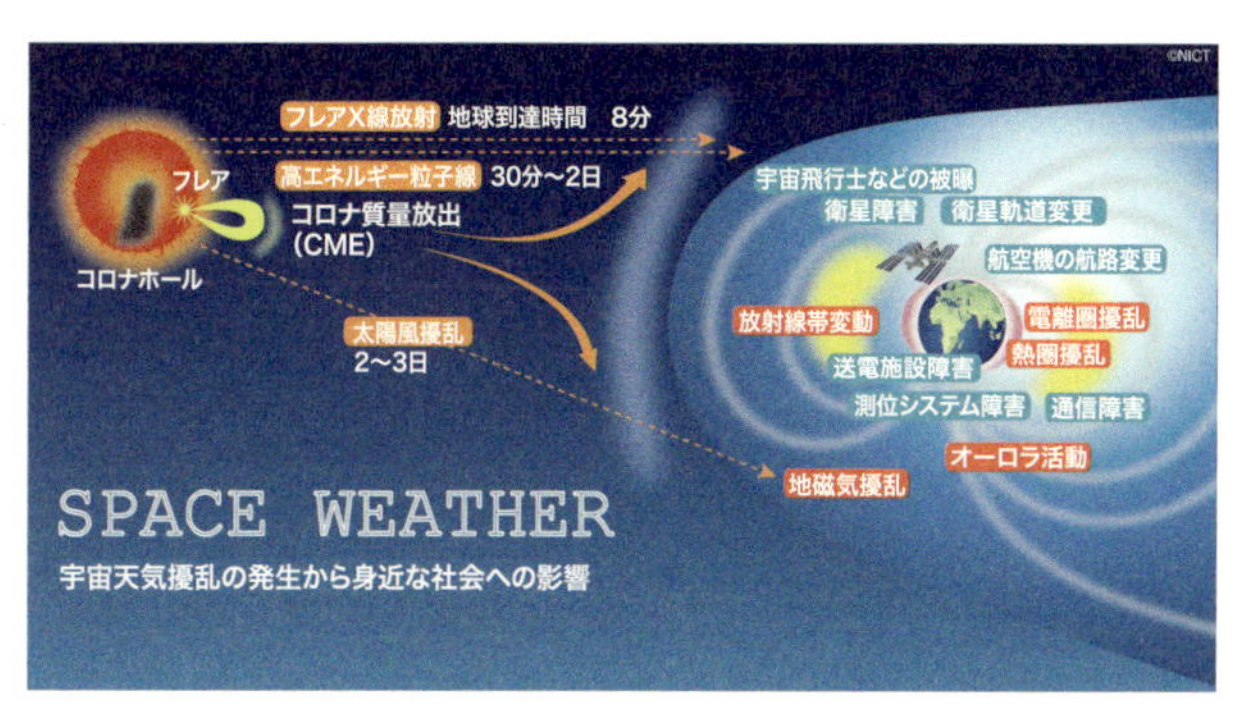

図3-1　宇宙天気の概念図。(情報通信研究機構による図を改変)

気象災害同様、天災の原因となり得ると認識されている。第1章で紹介した1859年のキャリントンが観測した大フレアの時代には、電気の利用の黎明期であったにもかかわらず、電信網のトラブルが発生していた。その後、電気ははるかに広範囲に利用されるようになり、また人類は地上ばかりではなく、空へ、宇宙へと進出していったが、それは新たな太陽の脅威にさらされることでもあった。

その脅威は、図3-1のようにまとめることができる。それでは、太陽は具体的にどのようにして現代の人類社会の脅威となるのか見てみよう。

太陽の変わらない輝きのおかげで無線通信が可能になった

1859年の大フレアの時を始め、当時障害が発生していたのは、相手のところまで電線を引く有線の通信である。そして、有線であったことが磁気嵐の影響を受けた原因だが、有線の通信はこの後も発展を続け、海底ケーブルで世界がつながれるようになる。

一方、ほどなくして電波を使う無線通信も行われるようになる。１９０１年にはイタリアの発明家グリエルモ・マルコーニが、イギリスから発射した電波に乗せた信号を、大西洋の向こうのカナダで受信する無線通信に成功したとされる。

なお、このような実験は「受信準備完了」とか「○時に電波発射予定」とか連絡しながらでなければ実施するのは困難であろうが、はるかに離れたところでどうやってこのような連絡を取ったのかというと、すでに実用化されていた海底ケーブルによる有線通信を使ったわけである。

しかし、海底ケーブルなら通信相手まで電線がつながっているが、電波の場合、イギリスから発射された電波がまっすぐ進むと、地球は丸いので、水平線の下に位置するカナダには届かないはずである。電波はその名の通り波でもあるので、多少は陰にも回り込む性質があり、物陰でも携帯電話が通じたりラジオが聞けたりするのであるが、到底カナダに届くには足りない。

それでも電波が届いたということは、大気中に電波を反射する層があるのではないかという説が、アメリカの電気技師アーサー・ケネリーやイギリスのアマチュア研究家オリヴァー・ヘヴィサイドによって１９０２年に出された。第１章で紹介したように、大気の上層には当時知られていなかった電離層という一部プラズマ化した大気層があり、ある周波数範囲の電波であれば、地面・海面と電離層の間で反射を繰り返すことにより地球の裏側にも届く。

これは当初、「ケネリー・ヘヴィサイド層」と呼ばれ仮想的なものであったが、１９２４年にイギリスの物理学者エドワード・アップルトンが実際に電波の反射を検出してその実在が確認され、後に「電離層」と呼ばれるようになった。

電離層は、大気の分子の一部が電離して電気を通す状態になっているところで、大気の高さ約80キロメートルから５００キロメートルのあたりに存在し、高さによって性質が異なるので、図３－２（１０６ページ）のように、低い方からD層、E層、F層と呼ばれている。

大気の分子を電離するのが、太陽光のエネルギーである。太陽光といっても、地表に届く光ではない。太陽から来る光の中でも、波長が紫外線程度もしくはそれより短く、エネルギーの高い光は、大気に吸収されて地表に届かない。そのおかげで、地表の生き物は有害な紫外線から守られているということでもある。光が吸収されるということは、大気の分子がそ

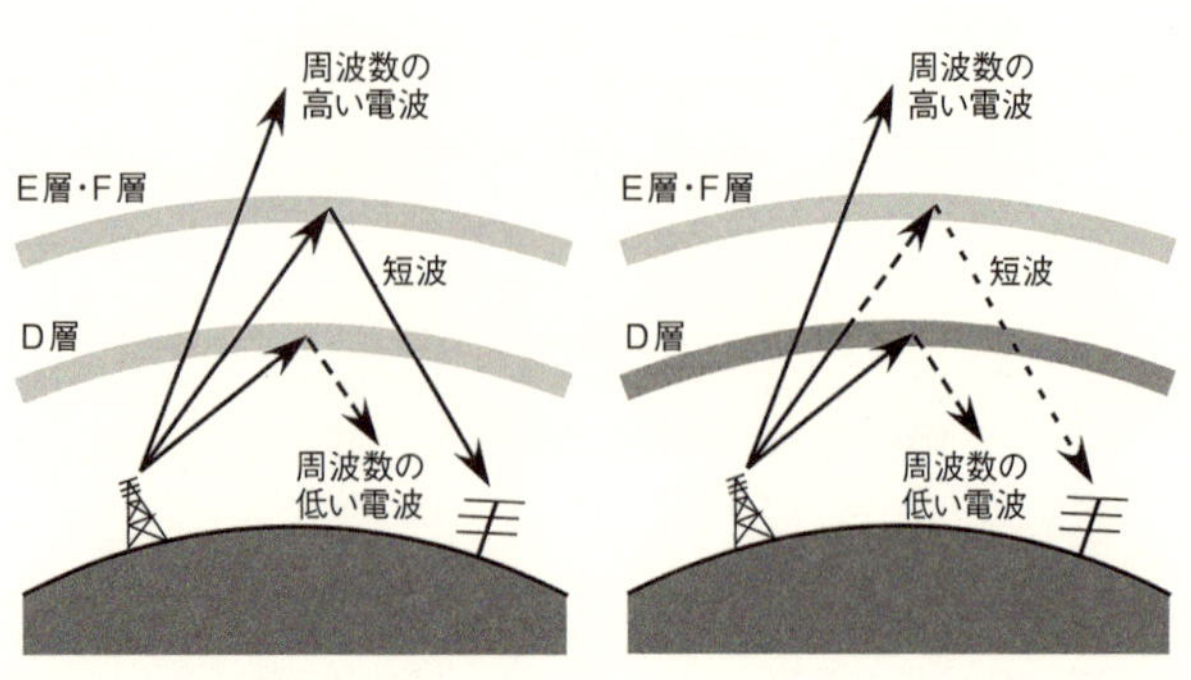

図3-2　左は通常時の電波の伝わり方。太陽フレアにより突発性電離層擾乱が起こると、右のように、電子密度を増したD層により、特に短波が吸収されて届かなくなる。

のエネルギーを受け取っているわけで、ある程度エネルギーが大きければ分子から電子が飛び出してしまい、電離を起こすことになる。こうして太陽光によって電離層が形成される。

太陽面爆発は無線通信の妨害にもなり得る

当初、電離層の存在ははっきりとは分からなかったにせよ、電波を長距離飛ばすことがともかく可能であるということが分かると、装置の改良が進み、無線通信や放送という形で、民生用でも軍事用でもその利用が急速に発展していった。

電離層は太陽光によって形成されるため、１日の中で、また季節変化の中で、太陽光の当たり方によって電離層の状態が変わることも分かり、無線通信もそれに合わせた周波数を選んで行うなどの工夫が

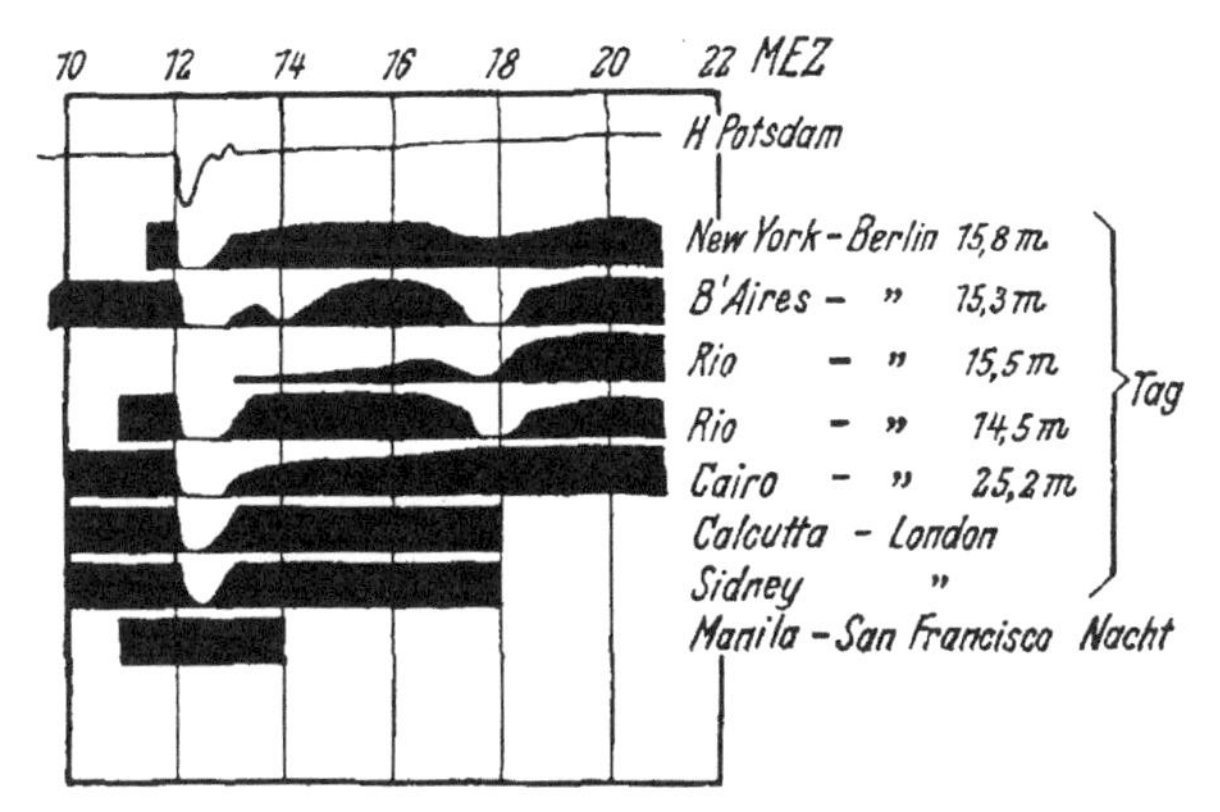

図3-3　メーゲルが見出した、1928年10月10日の電波強度の落ち込み（12〜13時頃）。一番上は地磁気の測定で、同じ時に地磁気の乱れが見えている。(Mögel, H. 1930, Telefunken-Zeitung, 11, 14)

されるようになっていった。

その中で、1930年にはドイツの物理学者ハンス・メーゲルが、もっと短時間の変化、すなわち届いていた電波が数分間で急激に弱くなって通信が困難になり、それがそのまま1〜2時間続くという現象が、地球の太陽に面した側で時々起こることを指摘した。

実は、これはフレアで急増した太陽からのX線が電離層を乱すことで起こる現象である。

図3-3で分かるように、彼は1928年の現象で、突発的な地磁気の変化と電波強度の落ち込みが同時に起こっていることも見出していた。この地磁気変化は磁気嵐ではなく小規模なもので、第1章の1859年のキャリントンのフレアで紹介した太陽フレア効果

である。

後述のデリンジャーと違い、今ではメーゲルの発見はあまり顧みられないが、今から振り返ればこの時すでに、太陽フレアによる強いX線が電離層に影響し、地磁気の変化と電波強度の落ち込みをもたらしたのが見えていたのである。1935年になってアメリカの通信技師ジョン・ハワード・デリンジャーも同様の現象を見出し、太陽自転の2倍の周期で現れるという指摘をして、さらに後にはそれが太陽フレアによる紫外線放射が電離層を乱すのが原因ではないかと推測している（Dellinger, J.H. 1935, Phys. Rev. 48, 705; Dellinger, J.H. 1937 National Bur. Stand. J. Research 19, 111）。当時、無線はすでに重要な通信手段だったので、デリンジャーの発表の後すぐ、1936年には日本でも続々同様の現象が報告されている。

このように、突然、電波（特に短波と呼ばれる波長10～100メートルの電波）が届かなくなるような電離層の乱れを、デリンジャーは「突発性電離層擾乱」と呼んだが、これは今でも使われている用語で、また彼の名を取って「デリンジャー現象」とも呼ばれる。

突発性電離層擾乱によって突然電波が届かなくなるのは無線通信には大変困る事態である。電波の利用が発展して文明社会の重要なインフラのひとつとなっていく中で、太陽での現象はその阻害要因として認識されるようになってきた。そこで、無線通信の環境の監視という意味でも、太陽フレアや太陽活動の観測・研究が盛んに行われるようになっていった。

太陽からのX線と電離層

電離層ができるのも、その中で突発性電離層擾乱が起きるのも、地表には届かない太陽からの光が原因であると考えられたので、第2次大戦後、ロケットを使った大気圏外からの太陽の観測が盛んに行われるようになる、という話は第1章で紹介した。その中で、太陽フレアの時に太陽からのX線が桁違いに明るくなることが分かり、図3-2（106ページ）のように、主にこのX線を吸収したD層の電子密度が上がって短波を吸収してしまうということが、電波が届かなくなる現象の原因として特定された。

太陽からのX線が原因ということは、太陽を観測していてHα線などの光でフレアが起こったことが分かった時にはすでにX線も到達していて、突発性電離層擾乱が始まっているということになる。

1859年のフレアの例では有線の通信に障害が出たが、これはフレア時の爆発で太陽系に飛ばされたプラズマ塊が地球に到達したことによるものだったので、フレア発生後1日程度経ってから影響が出た。このような現象であれば、フレア発生を監視していて、フレアが起

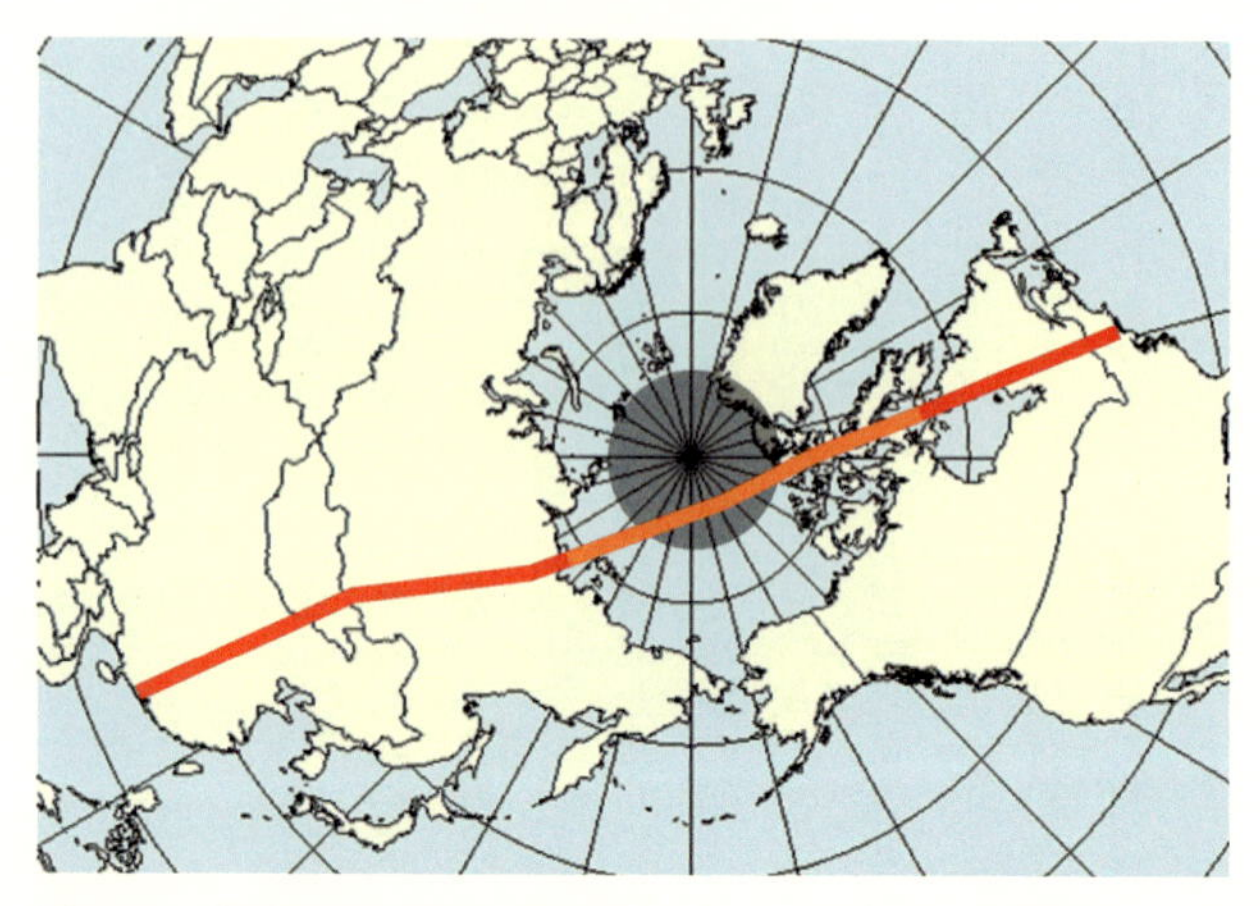

図3-4　極域を飛ぶ飛行航路の例（ニューヨーク－香港間）と、飛行機が使える通信方式の関係。北極近くでは衛星通信が使えない（灰色の円内）。さらに、極域以外では超短波通信も可能（赤色の線）だが、極域周辺では短波通信のみとなる（黄色の線）。灰色の円内では短波が唯一の通信手段であるため、電離層擾乱が起こると通信が途絶してしまう。（ボーイング社文書 "Polar route operations" に基づき、Sean Baker による画像〈Creative Commons license〉を使用して作図）

こったら何か対策を講ずるということが可能である。ところがX線のように太陽からの電磁波が原因だとそれが不可能であり、対策が困難になる。

電波による長距離の通信は、電離層に頼っていると太陽などの影響が避けられず安定性に限界がある。そのため、無線通信は人工衛星を使った高周波の通信など電離層の影響を受けにくいものに置き換わっていっており、だんだん太陽の影響を考えなくてもよくなってきている。

ただ、北極圏を飛ぶ飛行機では、特に北緯82度以北で人工衛星経由の通信が使えないので（図3－4）、今でも電離層を使った短波での通信が重要であり、また海上の船との簡便な通信手段としても使われているので、依然として太陽は無線通信の世界で脅威となり得る存在である。

特に極域では、X線による電離層擾乱だけでなく、後で紹介する、フレア時に太陽から来る高エネルギー粒子が降ってくることによる擾乱もある。これは「極冠吸収（きょっかんきゅうしゅう）」という、やはり通信を妨害する電離層擾乱を起こす。実際、大きな太陽フレアの時に、北極を飛行していた飛行機との通信が一時的にできなくなるという事態が発生しているので、航空会社によっては特に今世紀に入って以降、大きなフレアが発生した時には極域の特に影響の大きいところを避けるよう航路を変更する対応をしてきた実例がある。

GPSと太陽

通信とは別に、測位といって現在地の測定のためにも電波は使われている。GPS（グローバル・ポジショニング・システム）のことだろうと思われるかもしれないが、他にもいろいろある。GPSの普及以前は長波・超長波（波長1～100キロメートル）を複数点から地面・海面に這うように飛ばして、受信した時の位相差から位置を求める、ロランやオメガと呼ばれるシステムが使われていた。しかし、長波・超長波のシステムでは位置決定の際に電離層の変動の影響が大きく、磁気嵐の時にはさらに誤差が増大するのが知られていた。

現在は、測位はＧＰＳに代表される衛星測位システム（一般には全地球航法衛星システム、ＧＮＳＳという）で行うのが主流で、これらのシステムはほとんど使われていない。しかし、衛星測位システムも電離層の変化の影響、つまりは太陽の影響と無縁ではない。

衛星測位システムは主に現在位置を得るのに使われるわけだが、各衛星が実際にやっているのは、高精度の時計による時刻信号を電波に乗せて送り出すことである。受信機で受け取った衛星の時刻信号は、衛星から受信機まで電波が届く時間が衛星ごとに異なる分のズレがある。このズレから衛星と受信機との位置関係を求めることができるので、いくつかの衛星の位置と時刻のズレが分かると、受信機の位置を特定することができる。

衛星が飛んでいるのは大気圏のはるか外なので、電波が衛星から受信機まで届く間に電離層を通過することになる。電離層が含むプラズマは電磁波にとっては屈折率を持った物質なので、電磁波はその中では速度が変わる。波長によってその度合いが異なっていて、電波の中でも波長が長いとより大きな影響を受け、反射さえ起こるわけである。

衛星測位システムで使っている電波は、電離層で反射される電波より波長が短いので屈折率の影響はわずかで、電離層を通過してしまう。ところが、衛星測位システムでは大変高精度の時間差情報を必要とするため、ただ通過すればよいというものではなく、通過の際に屈折率の影響で生じるわずかな遅れさえも考慮しないと、時間を距離に換算するところでは誤差が大きくなる。

通常の電離層の状態であれば、それを考慮した計算が行われて位置の精度が保たれるのだが、太陽フレアで突然電離層の状態が変わると補正が追いつかず、屈折率変化の影響で誤差の増大を生じることになる。まえがきで述べた２０１７年の大フレアの時にも、ＧＰＳの出力に最大十数メートルの誤差が出る現象が観察された（国土地理院による発表）。さらに大きな磁気嵐であれば、１００メートルの誤差が生じることが懸念されている。

現在ＧＰＳは、すでに広範に使われているインフラといってもよいであろう。カーナビゲーションでもおなじみだが、カーナビならＧＰＳ以外の情報も併用すれば問題ないと思われるかもしれない。しかし、今や衛星測位システムは測量にも当たり前のように使われている。さらに今後、自動運転のように衛星測位システムで位置を把握しながら自律的に動く装置が急激に増えていくと思われる。そこに想定外の誤差が発生すると致命的な問題になる可能性もあり、今でも、そして今後ますます、太陽フレアによる電離層の乱れは天災としての認識が必要になってくる。

軍事行動の引き金になりかけた大フレア

第1章で、太陽フレアの時にはX線だけでなく太陽からの電波も桁違いに強くなることを述べた。次に紹介するのは、コロラド大学のデローレス・ニップらが分析した、その電波の影響の例である（Knipp, D.J. et al. 2016, Space Weather 14, 614）。

1967年5月23日、北極周辺でソビエト連邦（当時）からのミサイル攻撃をとらえるべく監視を行っていたアメリカのレーダーに、強烈な電波が入ってきて探査が不可能になるという事件が起こった。しかもその後で無線通信までもが不可能になるという事態になった。

この当時は冷戦下の緊張状態である。核戦争が一触即発という事態に至ったキューバ危機からまだ5年も経っていない。この事態を受けてアメリカ空軍は、ソ連が軍事攻撃のために出した妨害電波が原因であるとして、ただちに攻撃の準備を行うに至った。

実はこの頃、大きな活動領域が太陽面上に現れていた。個々の黒点が非常に大きいというわけではなかったものの、図3－5のように活動領域全体の東西の広がりが経度で30度を超えるような巨大さであった。そのため多くのフレアを起こしたが、特に5月23日には、3時間の間にX線強度がM2／X2／M3と推定される（当時はまだ現在のような定常的な太陽X線測定は行われていなかった）3つのフレアが連続して発生した。2番目のフレアは白色光フレアを起こし、3番目のフレアは20世紀最大の電波フレアとなる強烈なものだった。

もともと太陽高度が低い高緯度の、しかも夕方の時間帯にフレアが起こったため、レーダ

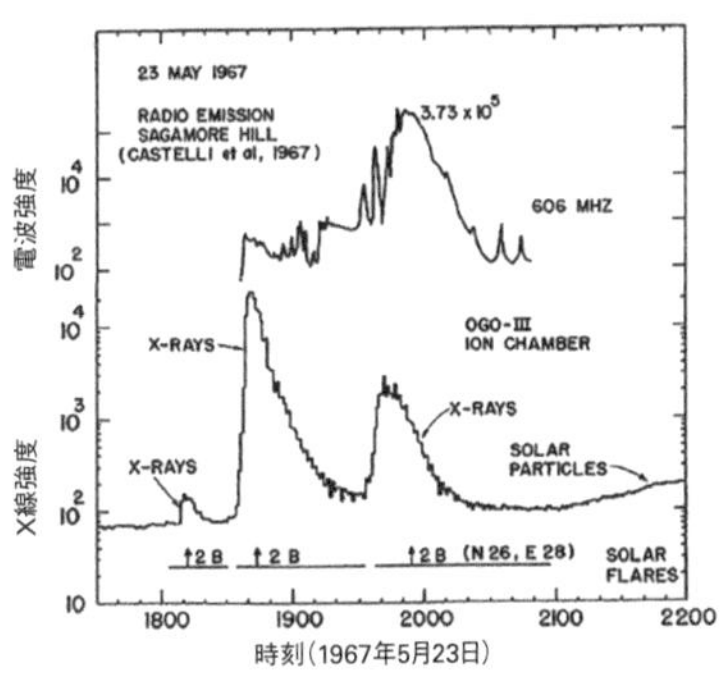

図3-5　1967年5月に現れた巨大活動領域（フレア直後の5月24日のHα画像）と、電波・X線の強度で見た5月23日に起こったフレア。グラフの下の線がX線強度で、山が3つ見えるのがフレアに対応している。上の線は電波の強度で、3つ目のフレアで特に電波強度が上昇している。(国立天文台 / Kane, S.R. & Winkler, J.R. 1969, Sol. Phys. 6, 304を改変)

ーのアンテナにフレアの電波が入り、レーダー探査を妨害したのであった。またフレアのX線・紫外線や高エネルギー粒子が電離層擾乱を起こし、無線通信に障害が出た。この後、大きな磁気嵐も起こっている。

太陽フレアが原因であわや核戦争にまでつながりかねない軍事行動を開始するという事態になったが、アメリカ空軍はこの頃には可視光と電波による太陽活動の監視も行っていた。そこでとらえた太陽フレアの発生状況も直ちに伝えられ、電波の障害は太陽のせいであるという結論になり、攻撃準備は中止された。

太陽嵐が起こす様々な被害は、気象災害と同様に天災であるととらえられているが、場合によっては最悪の人災にもつながりかねないということをこの事件は示している。太陽の現象も気象現象と同じように、監視すること、可能な範囲で予測すること、そしてそれらの情報を速やかに流通させることが、天災であれ人災であれ防ぐ手段である。軍事目的ではあるが、アメリカ空軍はこの事件の前後から宇宙天気現象の監視体制を大幅に拡充している。

3・2　磁気嵐のもたらす災害

太陽面爆発は磁気嵐を起こす

1859年のフレアで有線通信網が打撃を受けたのは、太陽フレアで爆発的に増えるX線や電波の放射のせいではなく、フレアの際に起こったコロナ質量放出で磁場とともに飛んで来たプラズマ塊が地球磁場にぶつかることで起きた、磁気嵐によるものであった。

図2-8（86ページ）に示したコロナ質量放出の磁場とプラズマは、惑星間空間を飛んでいる間にさらに膨張して図3-6のように地球に向かって来て、地球の磁気圏にぶつかる。図0-5（7ページ）は、このようなプラズマ塊が地球をかすめていったという推定を示している。

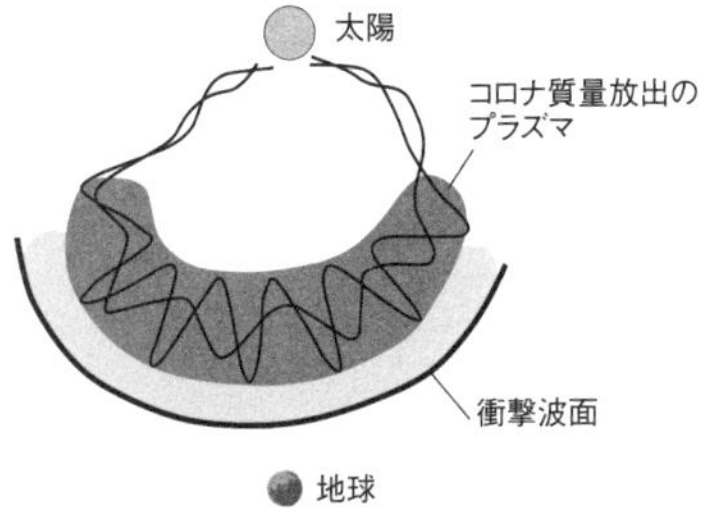

図3-6　コロナ質量放出で飛び出した、惑星間空間を飛来するプラズマと磁場。

この時、飛んで来た磁場の磁力線が図3-7（118ペ

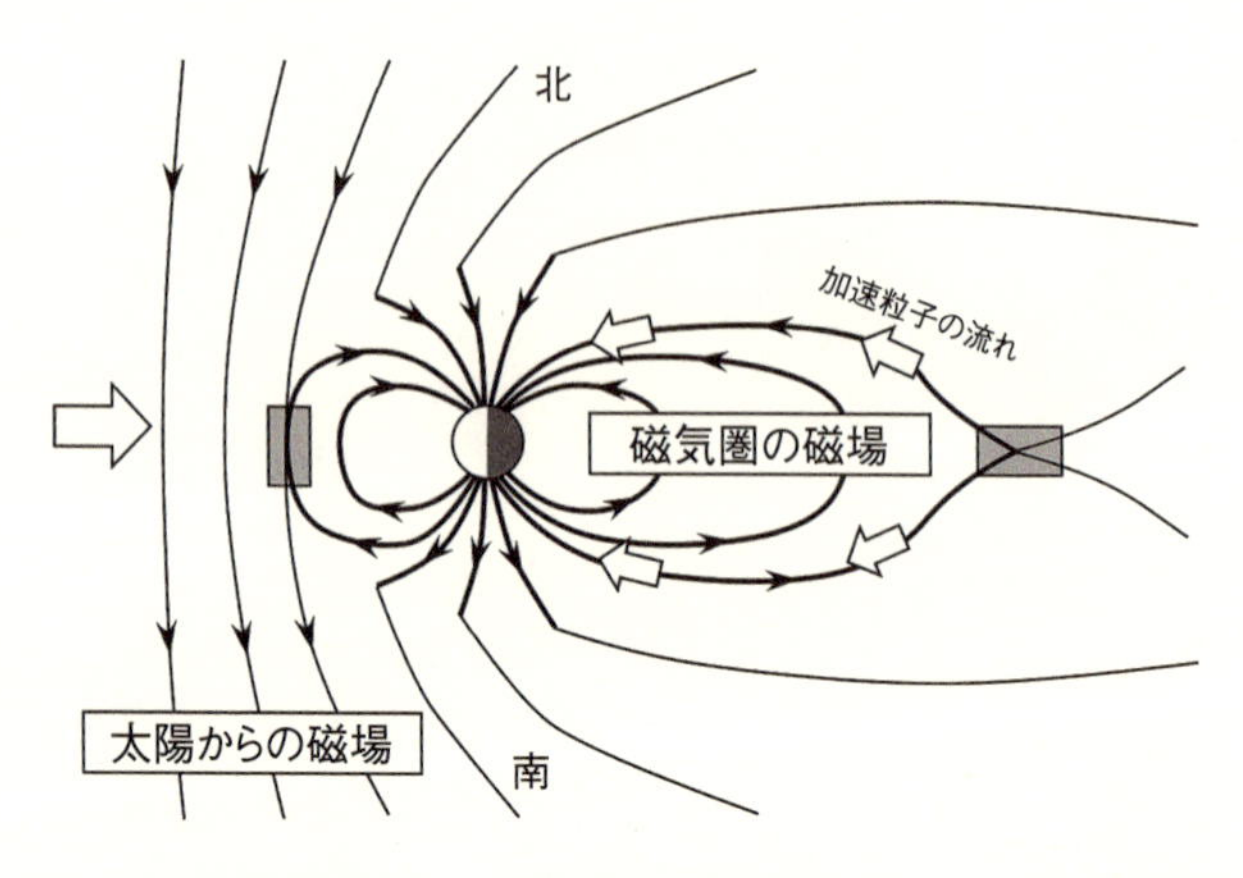

図3-7　太陽から南向きの磁場が磁気圏に達すると、大きな影響がある。四角で示したところで磁場がつなぎ替わり、磁気嵐が発生するとともに、大量の粒子が地球磁気圏に入り込む。太陽の反対側では再び磁場がつなぎ替わり、この影響で粒子が北極・南極へ流れ込む。

ージ）のように北から南に向いていると、逆に南から北に向いている地磁気の磁力線とつなぎ替えを起こし、それがきっかけとなる作用で地磁気が減ったように見える。

これが、激しいと磁気嵐と呼ばれる現象になる。コロナ質量放出のプラズマが地球に到達しても、その磁場の配位によって磁気圏への影響が異なるわけである。

図3－8は、1859年のフレアによる磁気嵐の時の、磁場の変化を表すDst指数の推定である。Dst指数というのは、場所により地磁気が異なることによる違いを除いて比較できるようにした値である。

測定が不十分なため推定ではあるが、

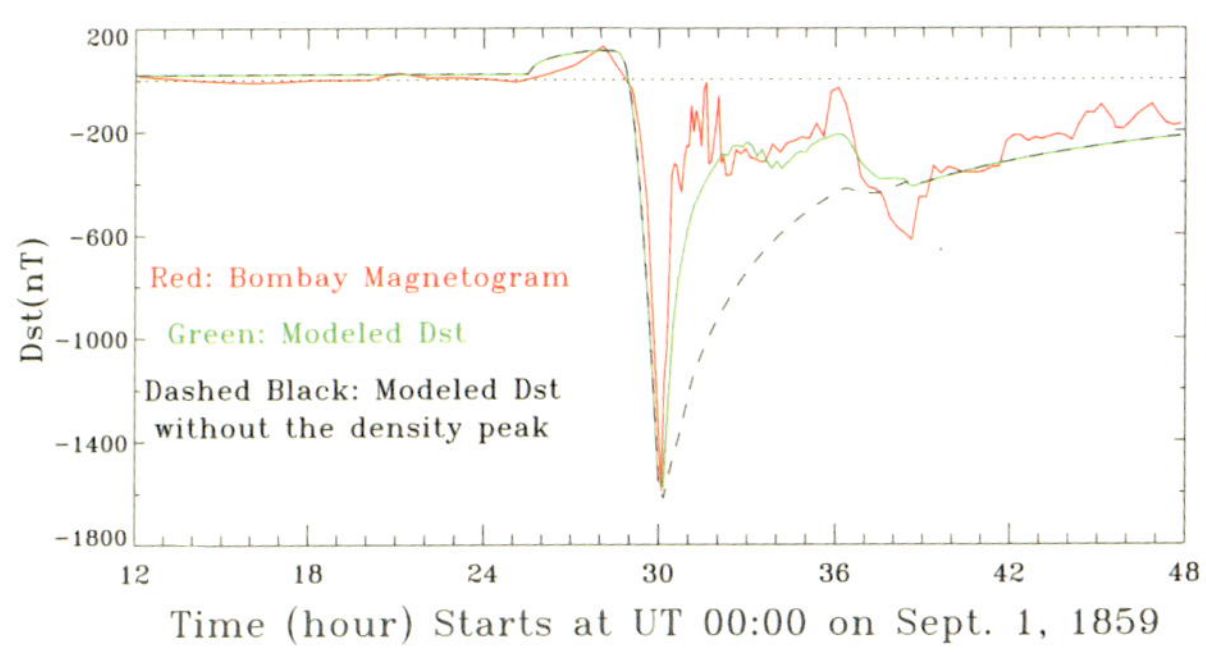

図３-８　1859年９月２日に発生した磁気嵐での、地磁気のDst指数の推定。(Li, X. et al. 2006, Ad. Sp. R. 38, 273 の図1 / COSPAR)

この時の磁気嵐によるDst指数の減少は１７６０ナノテスラとされている。これは分かっている範囲では最大規模である。地磁気の強さが１％も変化すれば激しい磁気嵐であるが、この時の変化を、日本付近では４万６０００ナノテスラ程度である地磁気の強さと比べると、非常に大きな磁気嵐であったことが分かる。

磁場が変化すると、そこにある導体には誘導電流が流れる。地球は地面も海も導体なので、地磁気が変化すると、地磁気誘導電流が地面の下（もしくは海中）を流れることになる。地面にはいつも地電流という電流が流れていて、原因としては地殻変動や雷、人工的な電力などもあるが、地磁気の変化によるものが大きい。地磁気の１日周期のわずかな変動に起因する地電流もあり、また高緯度の地域ではオーロラにともなう地電流も日常的にあるが、それに比べ磁気嵐の時の地

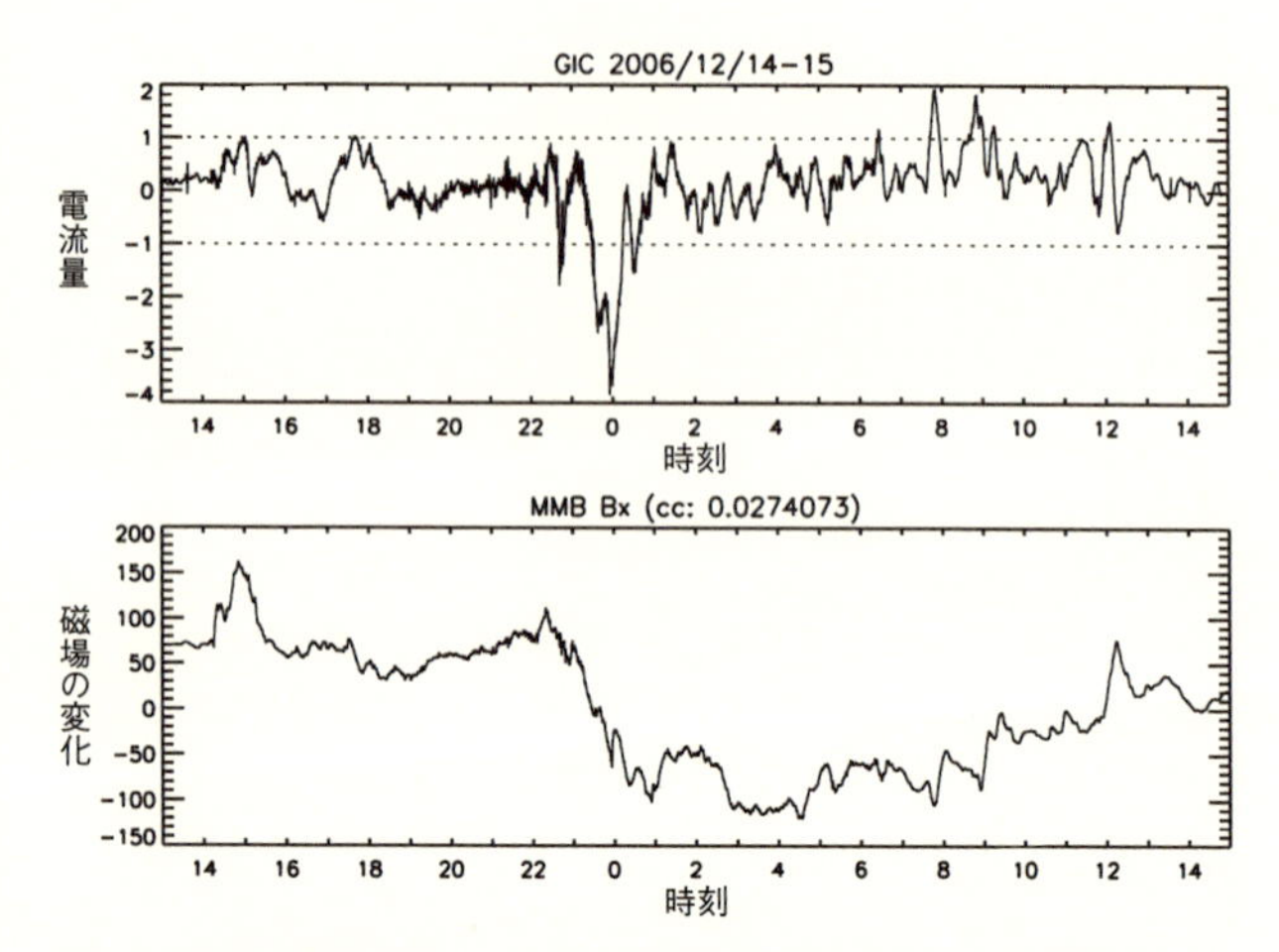

図3-9　2006年12月13日のX3.4フレアの後で起こった磁気嵐にともなう、北海道で観測された地磁気誘導電流（上）と地磁気の変化（下）。地磁気が変化し始めるところで誘導電流が流れていることが分かる。(Watari, S. et al. 2009, Space Weather 7, S03002)

磁気誘導電流は格段に大きい。

図3-9のように、実際の地電流の測定を見ると、磁気嵐が始まると地電流が急激に変化していることが分かる。

電信のために電線が引かれていると、電信の送受信機などで接地されているところから、この誘導電流が電線に流れ込んでくることになる。普段は問題になるような電流ではないが、特に規模の大きな電線網であれば電流が集中するところがあり、磁気嵐の時には電信機器を破壊するくらいの大きな電流が流れることもあるわけである。

１８５９年のフレアで打撃を受けたのは電信網の発達した欧米だったが、他方、その頃日本は文明開化前の江戸時代であった。しかし、明治維新後、早くも１８７１年には日本と大陸が海底ケーブルで接続され、世界と電信網でつながった。

それとともに日本も太陽嵐の影響にもさらされることになり、１９０９年にはその洗礼を受けることになる。１９０９年９月25日に、図３‐10（１２２ページ）のような磁気嵐にともなって東京を中心とする電信網に異常信号が出て、一時通信不可能になったのである。また同じ頃、日本の各地でオーロラが記録されている。

図３‐10のように９月24日にはフレアの発生がイギリスで観測されているので、磁気嵐はこれに起因するものと思われる。観測史上有数の規模の磁気嵐だったため、日本ばかりでなく世界各地で電信の不調が起こり、また通常オーロラが見えないような低緯度でオーロラが見られた。この出来事は、太陽面爆発の脅威を受けるくらい日本も文明国の仲間入りをしたということを示しているともいえる。

磁気嵐が起こす停電

このように、磁気嵐、そしてそれを起こす太陽面爆発は、電線を使った通信網にとって脅

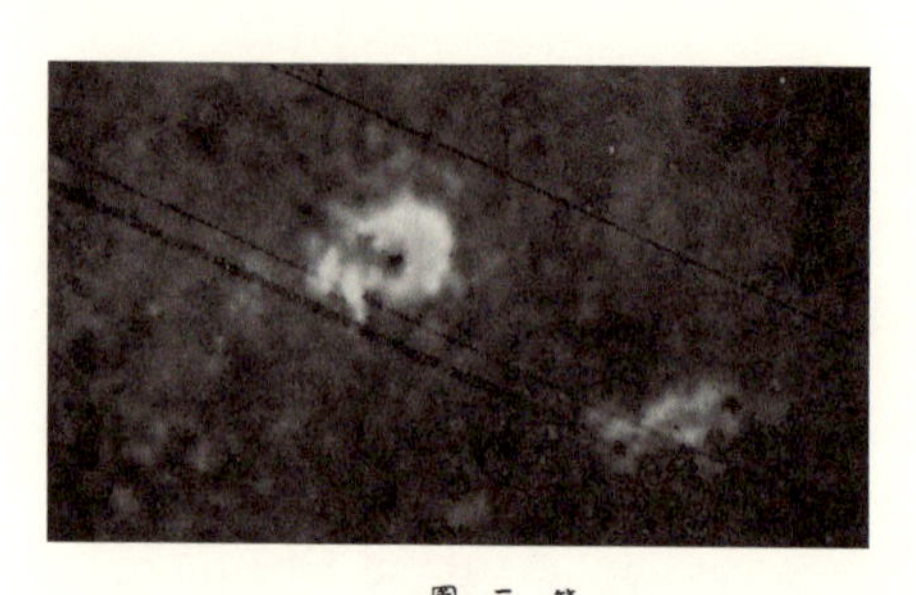

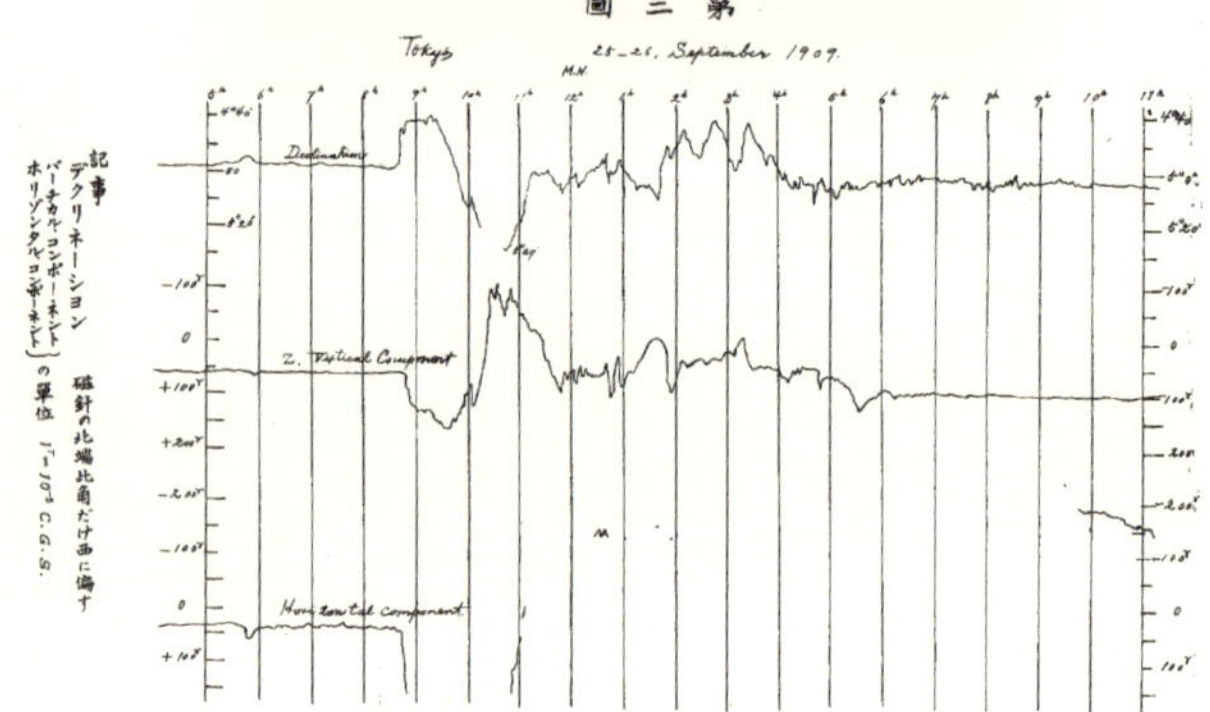

図3-10　1909年9月24日にイギリスで観測されたフレア（上）と、9月25〜26日に東京で観測された、磁気嵐による磁場の変化（下）。(Lockyer, W. J. S. 1909, Mon. Not. R. Astron. Soc. 70, 12/内田1909,「明治四十二年九月二十五日の地電流に就て」電氣學會雜誌29, 701)

威であったが、現在の有線の通信は光ファイバーを使ったものが主流で、磁気嵐の影響を受けにくくなっている。その一方で、今は電気を送るための送電網が世界中に張り巡らされ、産業も日常生活も電気なしではなり立たない。その送電網にとって、磁気嵐は脅威である。

例えば１９８９年３月には、Ｘクラスのフレアを11個も起こした、図３‐11のような観測史上有数の大きさの黒点（１９５２年以降では最大）が現れた。このうちの３月10日に起こった大フレアの後で大規模なコロナ質量放出が起こったと考えられ、これによる磁気嵐の発生

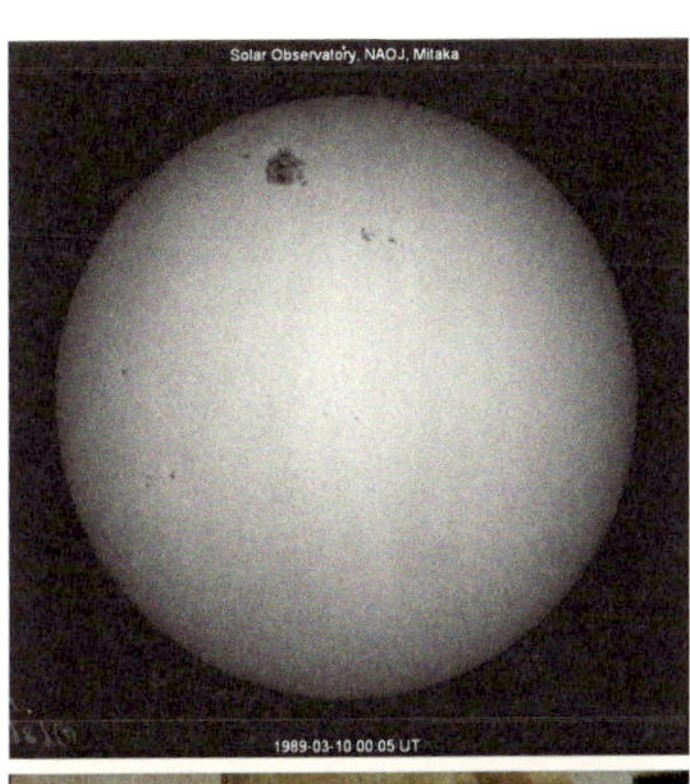

図３-11　1989年３月の巨大黒点（上）と、太陽嵐によって起きた、北米での変電設備の焼損（下）。ケベック州で停電になっただけでなく、カナダ・アメリカの多くの部分で電力システムに異常が発生した。変電設備の焼損は、停電になったカナダではなく、アメリカ・ニュージャージー州の原子力発電所のもの、停電にはなっていない。(国立天文台/PSE & G)

が原因となって3月13日にカナダのケベック州を中心とした地域で大規模な停電が発生した。

送電網も、要所要所の変圧器のところで接地されているので、そこを通じて地磁気誘導電流が送電線に流れる。このため、磁気嵐により異常な地電流が発生した際に、高圧で送電している幹線の変電設備が破壊されたのである。

図3－11（123ページ）は、この時に破壊された変圧器である（ただしカナダではなくアメリカのもので、停電は避けられた）。ケベック州の停電は12時間にわたって続き、600万人が影響を受けたとされる。もちろん一般家庭や会社が停電したというのにとどまらず、公共交通も止まり、空港も閉鎖された。

送電網が大規模になるほど、太陽嵐によって発生した磁気嵐での地磁気の変化の影響も大きく受けるようになる。また、地磁気の極に近いところでは誘導電流が大きくなる。地磁気の極は地理的な北極・南極とは少しズレていて、北半球では北米側に寄っている。地磁気の極を基準に決めた緯度を「磁気緯度」というが、北米は地理的緯度以上に磁気緯度が高いということになる。つまりカナダは、大陸で大規模な送電網があり、しかも磁気緯度が高いところなので、磁気嵐による誘導電流の大きな影響を受けたのである。ちなみに、北極を挟んで反対側の、同じ高緯度の国であるソビエト連邦（当時）では、この時鉄道の信号系統に異常が生じるという影響があったそうである（Eroshenko, E.A. et al. 2010, Adv. Sp. Res. 46, 1102）。

この時の磁気嵐の大きさは（Dst 指数だとマイナス５８９ナノテスラという大きさで、地磁気が１％以上変化したことに相当する）、測定のある１５０年間では最大であり、やはり北米の低緯度の地域でオーロラが見られている。１８５９年９月１日のフレアにともなう磁気嵐のDst 指数の推定はその３倍のマイナス１７６０ナノテスラなので、今同じ磁気嵐が起こったとしたら、さらに甚大な被害が起こる可能性がある。

21世紀になっても停電は起こる

２００３年10～11月には、大きさこそ１９８９年３月のものには及ばないものの、大きな黒点が相次いで出現し、Xクラスフレアを全部で7個起こした。ちょうどハロウィンの時期であったため、「ハロウィン・イベント」と呼ばれている。中でも11月４日にはX28・０という、１９７０年代に始まるX線でのフレア監視の観測史上最大となるフレアを起こしている。なお、この時のX線強度は装置の測定限界を超えていたため、推定でX28・０とされているのだが、実際にはもっと大きかったのではないかともいわれている。

10月28日のX17・2、10月29日のX10・0という、やはり巨大なフレアでは大規模なコロナ質量放出が起こり（後述。図3-12〈132ページ〉を参照）、10月29〜30日には地球に到達して大きな磁気嵐を起こした。フレア発生後、わずか19時間後にはプラズマが地球に到達していて、後で紹介する1972年8月4日のフレアの後14・6時間でプラズマが到達、キャリントンらの1859年9月1日のフレアの後17・5時間で到達、というのに次ぐ高速のプラズマ流だった。

磁気嵐が発生した10月30日には高緯度のスウェーデン南部で停電が起こり、5万人が影響を受けている。一方、この一連のフレアでは、南アフリカでも電力トランスの焼損が起こったことが報告されている。南アフリカは磁気緯度が低く、一般に磁気緯度が高いほど地磁気誘導電流の影響を受けやすいとはいえ、これは磁気緯度が低いところも無事ではないということを示している。

このように、現代の送電網が磁気嵐の影響を受けるということが分かってきているため、電力会社もただ天災だからと手をこまねいているわけではなく、様々な対策を講じている。その結果、停電は起こりにくくなっているはずである。しかし、いったん送電網に支障が発生すれば、その影響・被害は甚大となる可能性がある。日本は磁気緯度でいえば低緯度で比較的影響を受けにくく、また送電網の規模も小さいものの、今まで停電を起こしたようなものよりさらに大きな太陽嵐が発生した場合、被害を受ける可能性を否定できない。そこで、実際の送電網の形に磁場変化を与えたシミュレーションにより、その影響を見積もる研究が行われている。

送電網とは別に、石油やガスのパイプラインも、長々と、時には大陸を横断するスケールで敷設されている金物である。したがって送電線同様、パイプラインにも地磁気誘導電流が流れることになる。水分がパイプラインに付着するような環境でパイプラインに電流が流れると、「電蝕」といってパイプラインの金属が溶け出してしまう現象が起こり、パイプラインが劣化していく。

通常、パイプラインの金属が直接水に触れないようにするなどの対策はされているが、ある程度の劣化は避けられず、そこに地磁気誘導電流が流れると想定より早くパイプラインの寿命が来てしまい、維持に余分な費用がかかることになる。停電のように、災害という形の影響ではないが、やはり磁気嵐、そしてその原因である太陽面爆発が経済的な影響を与えている例である。

磁気嵐は機雷を爆発させたか

1972年8月上旬、太陽面上に大きな黒点が現れ、いくつもの大フレアを起こした。中でも8月4日06時21分（世界時）に起きたフレアは大規模で、当時はまだ現在のようなフレアのX線強度の測定がなかったために正確な数値は分からないものの、X20程度と推定されている。

注目すべきはフレアから噴出したものの方で、フレアにともなうコロナ質量放出は、フレア発生後わずか14・6時間後には地球に到達していて、実に秒速2850キロメートルという、おそらく観測史上最大の速度であったと考えられている。

また、フレアからは高エネルギーの粒子も惑星間空間に飛び出すが、このフレアでの粒子量は1967年の観測開始以降最大で、しかも2位のフレアの倍ほどという飛びぬけて強烈な現象であった。この粒子にさらされた人工衛星の故障や、通信・電力網の不具合も発生している。

同8月4日、北ベトナムの海岸で多くの機雷が一斉に誤爆するという謎の事件が起きた。当時はベトナム戦争中であり、アメリカ軍が敵である北ベトナムの港の封鎖を図って機雷を投下していたが、それが次々に爆発したのである。この事件の真相は長らく埋もれたままとなっていたが、先にも紹介したデローレス・ニップがその分析を試みた。

その結果、機密解除された軍の文書から、ちょうどその時に発生した太陽フレアに起因する地磁気の変化が、このような機雷の同時多発誤爆を起こしたと考えられると結論づけていたことが判明した（Knipp, D.J. et al. 2018, Space Weather 16, 002024）。機雷は船が近づいた時の磁場の変化を検知して爆発するものであったので、誤って地磁気の変化を検知したということである。

しかし、フレアにともなうコロナ質量放出や高エネルギー粒子が史上最強クラスだったのに対し、磁気嵐は小規模なものであった。前に紹介したDst指数ではマイナス１２５ナノテスラで、最強クラスの磁気嵐の何分の１にしかならない。しかも、北ベトナムは、地磁気変動の起きにくい磁気赤道に近い。しかし、当時の地磁気変化を観測所ごとに詳しく調べると、特に東〜東南アジアで、磁気嵐発生時に急激な磁場変動が観測されていることが分かったのである。また、ａａ指数という別の地磁気変化の指数では、１５０年間で４位の大きさの磁気嵐となっている（情報通信研究機構による）。

このイベントは、磁気嵐が、まだ我々が知らない影響を現代社会に及ぼす可能性があること、またひとつの指数だけ見ていても、その影響の度合いを推し量れないことを示す教訓になっている。

3・3　高エネルギー粒子の脅威

太陽から飛来する高エネルギー粒子

以上で見てきた磁気嵐は、太陽からコロナ質量放出で地球に飛んで来たものが、もともと地球が持っている磁場に影響し、その磁場が人工物に対していろいろな問題を起こすというものであった。

しかし、太陽から飛んで来たものがぶつかることによる、より直接的な影響もある。ただ、厚い大気のおかげで、地上にいる限り、太陽から来たプラズマの粒子による直接的な影響を受ける恐れは少ない。オーロラは、太陽風やコロナ質量放出で太陽から飛んで来た粒子が磁極から上空へ延びる極域の地球磁場に沿って地球の夜側から大気上層に入り込み、大気の原子とぶつかることで原子が出す光を見ているものだが、オーロラが上空で見えているということは、粒子が上空までしか入り込めないということでもある。

一方、第１章で紹介したように、コロナ質量放出での粒子よりもエネルギーの高い、光速に近い粒子も含む太陽宇宙線も、太陽からは飛んで来る。これが発見されたのは地上の銀河宇宙線用の観測装置によってであったが、現在では人工衛星により宇宙空間で直接計測が行われている。

図３‐12（１３２ページ）に、静止軌道の人工衛星ＧＯＥＳが観測した、先に紹介した２００３年10月28日のＸ17・２フレアの太陽フレアのＸ線と、高エネルギー粒子の増加の様子を示した。Ｘ線とほぼ同時に上昇し始めていることから、光速に近い速度を持った高エネルギー粒子が飛んで来ているのが分かる。また、Ｘ線よりも長時間にわたって粒子の増加が見られることも分かる。

このように太陽系の外からも太陽からも高エネルギー粒子が降ってきているとはいえ、地上では特別な検出器でなければこのような現象がとらえられてこなかったということは、昔の人類にとっては高エネルギー粒子はその存在に気がつく必要もないものであったということでもある。

人類が地表で活動しているうちはそれでよかったのだが、飛行機の時代になり、さらに人

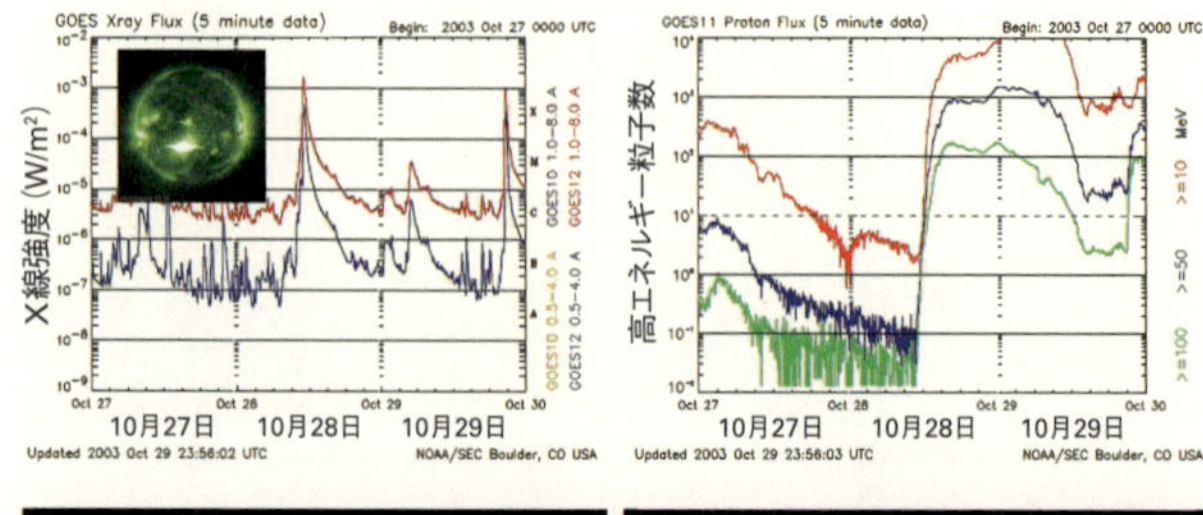

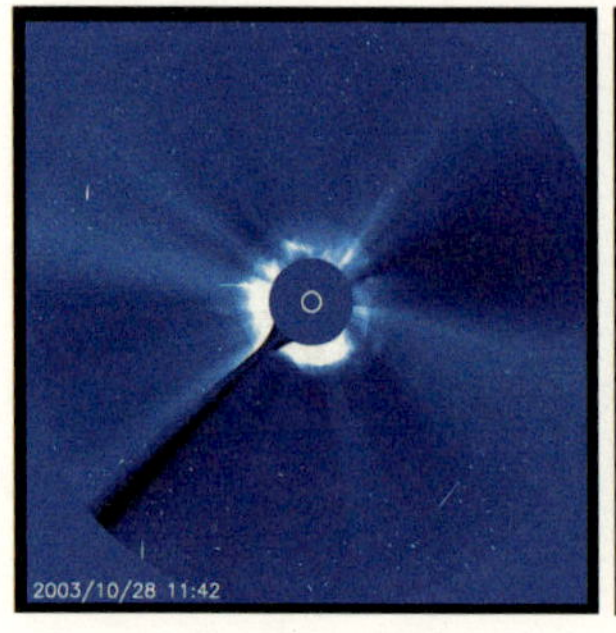

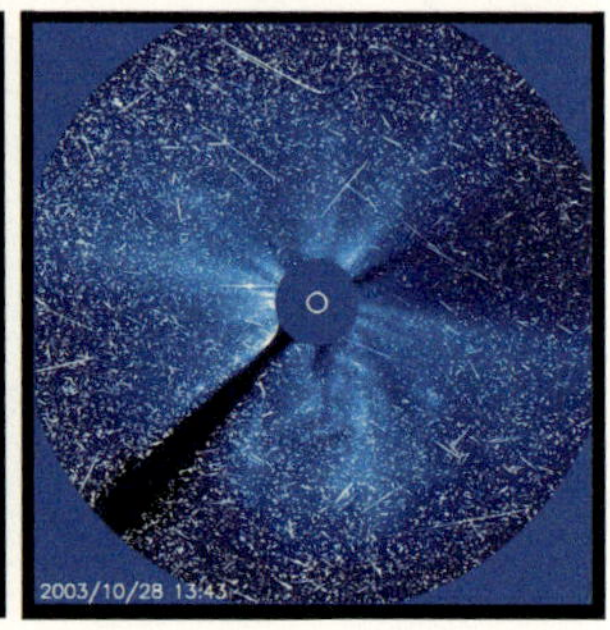

図3-12　2003年10月28日の大フレア・高エネルギー粒子、フレアの様子、コロナ質量放出で飛来した大量の粒子が、探査機のカメラに飛び込んだ様子。GOES衛星で測定しているX線が急上昇し、紫外線画像（SOHO宇宙機EIT装置による）でフレアが輝いて見えた（左上）後すぐに、同じGOES衛星で測定した高エネルギー粒子数が増加し始めている（右上）。一方、SOHO宇宙機LASCO装置では、フレア発生後しばらくしてコロナ質量放出が見え始め（左下）、その2時間後にはカメラに飛び込んだ高エネルギー粒子で画像が点々と白くなっている（右下）。LASCOの画像では、太陽は遮光円盤で隠されていて、白丸が太陽を示している。（上：NOAA/SWPCによるデータ、SolarMonitor.org提供、SOHO EIT〈ESA & NASA〉、下：SOHO LASCO〈ESA & NASA〉）

類が宇宙に進出するということになってくると、そうはいかなくなった。高エネルギー粒子の量は、高度が上がるほど増えるからである。人工衛星や宇宙飛行士は、より直接的に太陽から飛んで来たものにさらされるようになっている。

太陽から来る粒子は、飛行機にとって脅威

すでに触れたように、地球には普段でも銀河宇宙線という高エネルギー粒子が降り注いでいて、図３－13（１３４ページ）にあるように、大気中の原子とぶつかって高エネルギーの２次的な粒子を発生させる。この２次粒子も大気に邪魔をされるため、地表まで飛んで来るのはわずかである。第１章で紹介した宇宙線の検出は、このわずかな粒子を狙ったものである。

飛行機（旅客機）が飛んでいる高度は10キロメートル程度で、６５００キロメートルの地球の半径からすれば地表も飛行機高度も大差ないように思える。

しかし、高エネルギー粒子の点ではこの10キロメートルの違いは大変重要で、緯度によっては、高度10キロメートルでは地表の実に１００～２００倍程度もの高エネルギー２次粒子が降ってくる。

高エネルギー粒子は放射線と同様の性質と考えてよく、人体が浴びれば放射線に被曝した

のと同じことになる。地表では宇宙から来るもの以外に周囲の環境などからの放射線も浴びるが、それを考慮しても、飛行機では銀河宇宙線によるものだけで地上の20～40倍程度の被曝量となる。特に極域を通過する便、日本と北米、日本とヨーロッパを結ぶ便などでは、多くの高エネルギー2次粒子にさらされることになる。その量は、放射線被曝量で表すと1回の飛行で乗客一人につき50～100マイクロシーベルトという値になる。

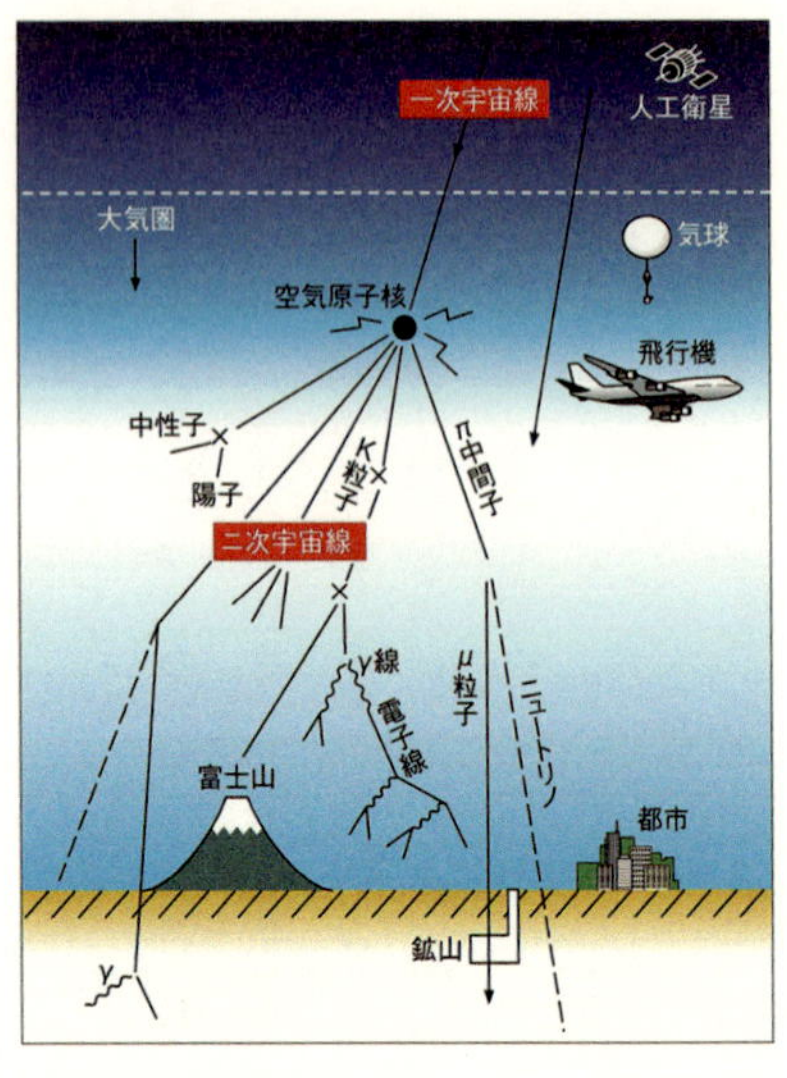

図3-13　宇宙から飛来する放射線。宇宙線は大気の原子にぶつかって2次粒子を発生し、それがさらに反応を起こしたりしながらも減衰しつつ、一部は地上に届く。上空ほど減衰しないうちに粒子が到達するので、飛行機では多量の粒子を浴びることになる。（出典：「中学校教師用解説書」〈文部科学省〉〈http://www.mext.go.jp/b_menu/shuppan/sonota/attach/1314222.htm〉）

１回の飛行10～12時間でこの量の被曝を起こす放射線量というのは、実は福島第一原発周辺の帰還困難区域のレベルである。ただ、この50～１００マイクロシーベルトというのは胸部X線撮影１～２回分程度である。したがって、繰り返し飛行機に乗る乗務員は別として、一般の乗客は被曝量を管理しないといけないようなことはない。

しかし、これは常時降り注いでいる銀河宇宙線についてであり、さらに太陽から高エネルギー粒子、太陽宇宙線が来る場合は別である。もっとも、太陽面爆発で太陽から粒子が飛んで来ても、ほとんどの場合は銀河宇宙線よりもエネルギーが低いため、多くの場合、影響を考える必要はない。しかし、頻度が少ないとはいえ、１９４２年のイベントのように、大規模なフレアにともなって地表の検出器でもとらえられるほどの高エネルギー粒子が太陽から降り注ぐ現象が起こることもある。このような現象は、GLE（Ground Level Enhancement）と呼ばれ、１９４２年以来70個あまりとらえられている（オウル大学、NOAAのウェブページなどで紹介）。

GLEの中で最大だったのは１９５６年に起こったフレアイベントである。先に紹介した１９７２年８月４日のフレアは、人工衛星で測定した粒子量は最大であったが、１９５６年のイベントの方がエネルギーの高い粒子が相対的に多かったため、地上での測定ではこちらが最大となった。この時の高エネルギー粒子の量は、飛行機の高度であれば、通常の数十倍から100倍程度になっていたと考えられる。もしこの時に飛行機に乗っていたらそれだけの被曝をしたと考えられ、これだけで一般人の年間の被曝限度の基準を超えてしまうほどである。

1956年のイベントほどのものは数十年に1度のものであるが、これほどでなくても太陽高エネルギー現象の発生が見込まれる場合、人体への危険が懸念される。そこで、どのようなフレアが起こったら、実際に地球上のどの場所でどのような影響が起こるのかを理論的に計算する研究も進んでいる。

なお、図3-4（110ページ）で示したような北極近くを通る航空機は、電離層を使った通信をしつつGPSで測位をし、高エネルギー粒子の多い極域を飛んでいるので、大きな太陽面爆発が起こった時には三重の影響を受けることになる。

今までも、気象現象や火山噴火といった飛行機運航の問題になるものについては、国際民間航空機関（ICAO）という国際連合を母体とする組織が定めた方式で、情報の提供が行われてきた。

しかし、太陽の現象の影響も少なからずあるため、今後太陽に関する情報も、同じように航空会社に提供するようにしようという具体的な動きがすでにある。太陽の観測が、普通の天文学のイメージからはますます遠ざかり、社会のインフラの一翼という面が出てきている。

太陽から来る粒子は、人工衛星にとっては大きな脅威

人類はいまや飛行機よりもさらに上空、宇宙空間にも進出している。たくさんの人工衛星があり、さらに国際宇宙ステーションでは飛行士が滞在して活動している。大気中では大気そのものが宇宙線を防ぐ役割をしているが、それが存在しない、宇宙や太陽からの粒子にさらされた世界である。地磁気があるために、外からの粒子は必ずしも直接衛星まで降り注げるわけではないが、一方、「放射線帯」といって、そのような粒子が地球磁場にとらえられているところが地球を取り巻いており、そこから来る粒子もある。国際宇宙ステーションが飛んでいるあたりだと地表の１００倍、飛行機に比べてもさらに数倍の高エネルギー粒子を浴びることになる。

最近、一般人の宇宙旅行が話題になっているが、実は宇宙空間は高エネルギー粒子にさらされた過酷な世界であり、単に飛行機に乗ることの延長ではない。国際宇宙ステーションには宇宙線の観測装置がいくつも搭載されているほど、多量の宇宙線が降り注ぐ環境である。

その国際宇宙ステーションの、地表の100倍という値でさえ、地球の磁場に守られての数字である。まじめに考えられるようになってきた月面基地や火星有人探査などは、地球のように磁場や大気の防御のない世界、そこにいるだけで被曝してしまう世界へ飛び出していくことであることを認識する必要がある。

これが目に見えて分かるのが、人工衛星が積んでいるカメラが撮影した画像である。人工衛星の中には太陽をいろいろな波長で撮影しているものもあるが、そのカメラにも粒子が入り込んでくることがあり、画像上に白い点や筋を残す。地球磁場に守られている低軌道の衛星でも、北極南極付近や放射線帯に近いところを通過すると、この白い点や筋が増えてノイズの多い画像になる。大規模なフレアの時には、さらに桁違いに大量の高エネルギー粒子が飛んで来る。

図3－12（132ページ）下は地球磁気圏の外にいるSOHO宇宙機のLASCO装置による画像で、先に停電を起こしたことを紹介した2003年10月28日の大フレアにともなうコロナ質量放出が見え始めた時に高エネルギー粒子が地球方向に飛んで来て、コロナ質量放出を観測していたカメラに当たり、無数のノイズが発生した様子を示している。いかに大量の粒子が飛来しているか目に見えて分かる。

さらに、画像のノイズが増えるというのにとどまらず、大量の粒子によって、衛星自体の故障が引き起こされることがある。激しい爆発にともなって大量の高エネルギー粒子が衛星にぶつかると、衛星が帯電して電気系統に異常を起こしたり、半導体内部にまで侵入して誤動作や故障を起こしたりするというのが主な原因である。このうち半導体の不具合は、特に高いエネルギーの粒子によって起こることから、銀河宇宙線が原因となることも多い。しかし、太陽から大量の高エネルギー粒子が来るのも衛星にとっては大変危険で、大規模な高エネルギー粒子放出をともなうようなフレア・大量のプラズマを噴出するコロナ質量放出の際には、時によっては複数の衛星が同時に不具合を発生する例も報告されてきている。

例えば、２００３年10月28日の大フレアを始めとするハロウィン・イベントの時には、地球を周回する人工衛星の多くのものが不調になっている。さらに、折しも小惑星イトカワへ向かって飛行しようとしていた探査機はやぶさもフレアに遭遇し、太陽電池パネルの出力低下という損傷を受けた。他にもアメリカの火星探査機マーズ・オデッセイの一部機器が故障している。

この時ははやぶさはまだ地球から遠くへは行っておらず、火星を周回していたマーズ・オデッセイも太陽から地球の方向の延長上から遠くなかったので、地球に影響したフレアが、

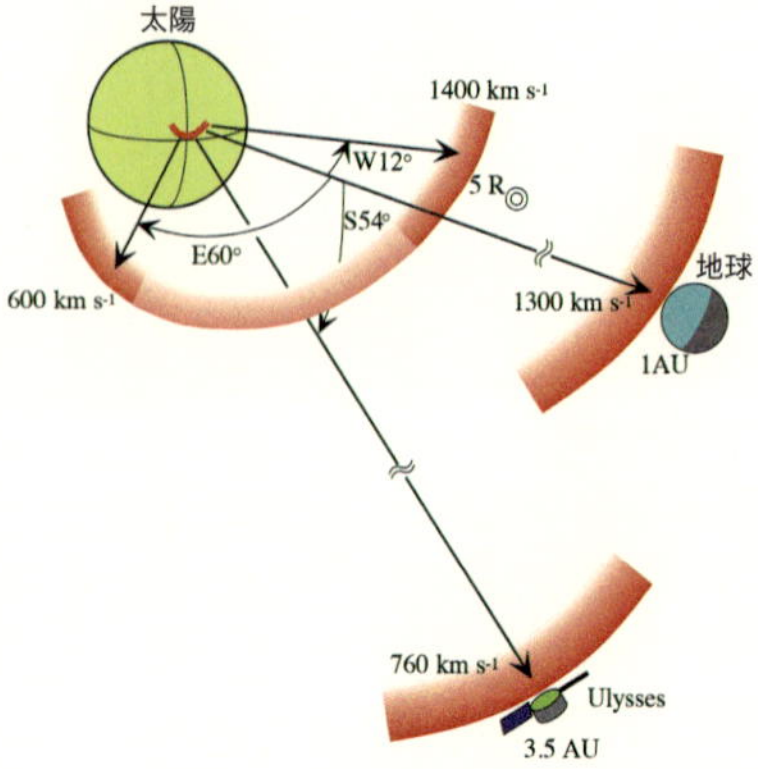

そちらにも影響した。
しかし、地球を遠く離れて太陽系空間を旅する探査機は、地球の方向には影響を及ぼさないような太陽面爆発に大きな影響を受ける可能性がある。このように、人類の活動が地球をはるかに飛び出すようになると、今までにはない太陽の影響が新たに出てくる。

ただ、人工衛星に不具合といっても、一般人は直接衛星を使うことはないので、通常は報道されることなどがないと、衛星の故障を知ることはなかなかない。しかし、１９９４年２月21日には、ノルウェーのリレハンメル冬季オリンピックの衛星中継が行われていて、日本でも家庭にまで映像が配信されている中で、前日の20日に太陽表面のちょうど真ん中あたりから飛び出したプラズマ塊が衛星にぶつかり、中継が中断するということがあった。

図３-14　1994年2月に太陽系に噴き飛ばされたプラズマの広がり。太陽表面にあったプロミネンスを中心としたプラズマの塊が惑星間空間へと噴出し、地球に到達したばかりでなく、はるか遠方にあったULYSSESという宇宙機でもとらえられた。

この時のプラズマ塊は、図３‐14のように東西にも南北にも太陽から見て数十度の広がりにまでなっており、まさに図３‐６（１１７ページ）のようなプラズマ雲が太陽系を飛んで行ったことが、筆者らの研究で観測的に確認されている。

この時の例は、日本でも太陽面爆発が一般家庭にまで影響を及ぼしたということを示している。このような太陽の現象が原因となって不具合が衛星に発生することが分かってきてからは、衛星の設計時に様々な対策がされるようになってきている。しかし、まだ大規模な現象の際にはやはり衛星の不具合は起こっている。

太陽から来る粒子は、宇宙飛行士にとっても大きな脅威

人工衛星への影響は機械に対するものだったが、今は国際宇宙ステーションの飛行士のように人が宇宙にもいる時代である。宇宙ステーションでは地上の１００倍と紹介したように、大気圏外では銀河宇宙線や放射線帯からの高エネルギー粒子にさらされる。しかも、例えば飛行機での12時間程度の飛行とは異なり、宇宙ステーションの場合は滞在が長期になる。

宇宙飛行士は１回の滞在でも放射線関係の仕事をしている人の年間限度よりも多くの被曝をすることになるので、飛行回数を限るなど、健康に影響が出ないぎりぎりの環境で仕事を

している。

ところが、こういうところに太陽面爆発で太陽から高エネルギー粒子が飛んで来ると、危険なほどの被曝を受けることになる。

そこで、先に紹介した2003年10～11月のハロウィン・イベントのように大きなフレアが起こり、高エネルギー粒子の増加を検出した時には、宇宙ステーションの中でも遮蔽の厚いところ（ロシア側のモジュールにあるそうである）へ一時避難するなどの対応がされてきた。

太陽面爆発による危険は、日本人宇宙飛行士の国際宇宙ステーション滞在中にも発生している。若田光一宇宙飛行士が滞在していた2014年1月6日にコロナ質量放出が発生し、高エネルギー粒子の増加が見込まれたため、国際宇宙ステーションでは非常事態としての警戒態勢に入った。数時間後非常事態は終了したが、翌7日に今度はX1・2という大きなフレアが発生し、再び非常事態の態勢となったのである。

結局、この時の高エネルギー粒子の増加は、平均すると年に1回起こる程度の規模で、それなりに大きいものの深刻な影響にまでは至らなかった。また、これに関連する影響として、1月7日の大フレア発生に伴って、翌日に予定されていた国際宇宙ステーションの補給機の打ち上げが、ロケットへの影響を避けるため1日延期されたということがあった（NASA

発表）。宇宙飛行士への影響とは別に、宇宙での物流に影響が出たということである。今後、より長期の宇宙への滞在が企画されたり、一般人までが宇宙に行くようになったりすると、太陽面爆発による被曝はさらに注意を要するものとなる。

地球大気を膨張させる太陽活動

高エネルギー粒子とは異なる面の、太陽活動の人工衛星への影響もある。太陽活動が活発になると、フレアの時はもちろん、それ以外の時も含めて全体としてX線・紫外線が増えるが、地球大気にX線・紫外線が大量に当たると、そのエネルギーを大気が吸収して温度が上がる。すると大気全体が膨らみ、上空の大気の密度が大きくなる。高さ約100キロメートル以上、ちょうど電離層があるあたりから上空は太陽の紫外線を吸収しやすく、もともと高温になっているので「熱圏」と呼ばれる。

人工衛星は真空中を飛んでいるかのように思われるが、実際にはこの熱圏の中を飛んでいて、極めて薄い大気がある。希薄で空気抵抗が小さいとはいえ、人工衛星はその空気に邪魔されてわずかずつ高度を下げ、最後には大気圏に突入するわけである。ただ、たとえ300～400キロメートルという比較的低い高度を飛んでいる人工衛星であっても、通常の運用にそのあたりの空気が影響することはない。

ところが、2000年7月14日に発生したX5・7フレア（第2章の図2-9、図2-10〈88ページ〉で紹介したもの）によりX線・紫外線が大量に降り注ぎ、大気が急に膨張した時に、高度400キロメートルあたりを飛んでいた日本のX線観測衛星あすか（1993年打ち上げ）が、急に濃度を増した大気に遭遇したことがきっかけとなって姿勢を乱し、観測不可能になるという事件があった。

この、2000年7月14日のフレアが起こした巨大な磁気嵐は、1989年3月のケベック停電を起こしたものの後で起こった最大の磁気嵐である（その後もっと大きなものが起こっているが）。フレアの発生日がフランス革命記念日だったことから、「バスティーユデイ・イベント」と呼ばれている。

３・４　現代社会に太陽はどれだけの災害を起こすのか

太陽の脅威にさらされている現代社会

このように太陽嵐は、光（Ｘ線、電波）やもの（コロナ質量放出や高エネルギー粒子）によって、現代社会のインフラに大きな影響を与える。変わる太陽は、地球、人類を翻弄しているのである。文明開化していなかった日本では、１８５９年の、太陽嵐と呼べるほどの大きな太陽面爆発でも被害はなかったが、明治になってからの１９０９年の太陽嵐では通信の障害を経験した。無線通信、大規模送電、人工衛星、有人宇宙飛行など新しい技術の実用化にともなって、太陽による新たな問題が発生していて、文明の発達とともに新たな災害が発生している。

こういった新しさと、一般人が直接被害を受けるわけではなく、社会のインフラが被害を被ってそれが結果として日常生活にまで影響するという間接的な影響が、古来、変わらず直接的な災厄であった通常の気象災害とは異なるところである。このため、太陽嵐が「天災」

といわれても分かりにくい。また、今まで日本では停電などのように、すぐに家庭に実害を及ぼす例があまり発生していないので、実感として意識する人は少ないかもしれない。

しかし、１８５９年の太陽嵐は、同じ規模のものが今起これば、現代文明が高度に発達して以降経験のない大規模な太陽嵐となり、その損害も経験のないものになる。その被害額は１００兆円の桁と試算されており、これは最大級の気象・地震災害の10倍である。１８５９年の太陽嵐は比較的まれな規模のものだったかもしれないが、この程度の、現代文明が経験していないほどのものであっても、いつ起こっても不思議ではないのである。

最近10年ほどは、太陽を地球の方向から見るだけではなく、宇宙機によって異なる方向から太陽を見て、惑星間空間へ放出されるプラズマを立体的に把握するという観測が進んでいる。

２００６年にＮＡＳＡにより打ち上げられたＳＴＥＲＥＯという2機の宇宙機は、地球の軌道上を地球からそれぞれ前と後ろへだんだん遠ざかりながら太陽を観測している。このため、太陽を地球とは異なる方向から眺めることができるのである。

その観測の中で、２０１２年7月には太陽の裏側で起こった爆発で、図３‐15に示すような大規模なプラズマ放出が発生したことが分かった（Russell, C.T. et al. 2016, Astrophys. J. 770, 38）。図３‐15には、放出されたプラズマがどのように太陽系に広がっていったかを推

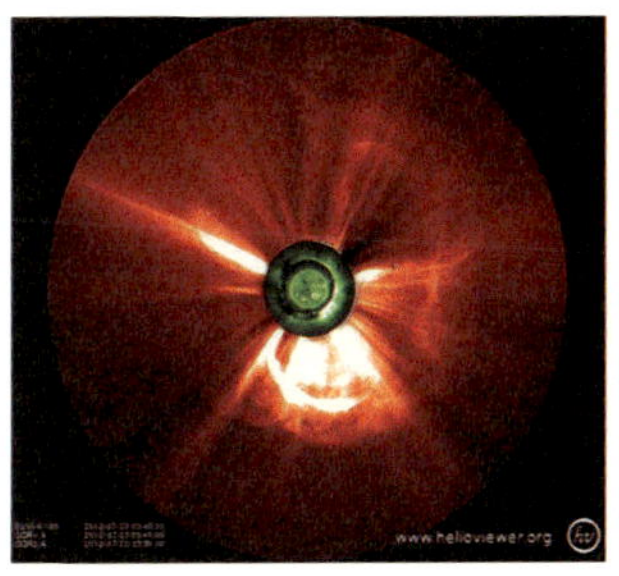

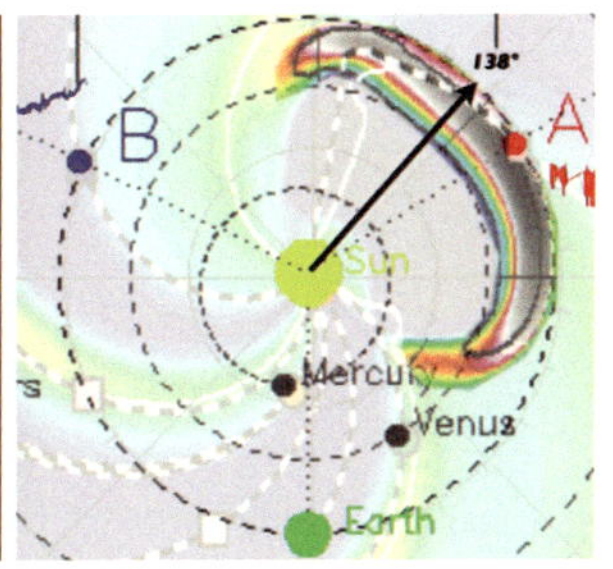

図3-15　2012年7月23日のコロナ質量放出の様子。左は、STEREO宇宙機でとらえられた、中央の太陽からプラズマ塊が噴き出したところ。右は、プラズマ塊噴出の様子の計算結果で、中央の太陽（黄色の丸）から、地球（下にある緑色の丸）の方向からは大きく外れた、右上に向けてプラズマ塊が噴出したことを示している。（左：Helioviewer提供のNASA/STEREO/SECCHIによる画像、右：NASA/STEREO）

定した様子も示した。その規模は、もし地球に来ていれば、20世紀最大の太陽嵐をはるかに超える規模であったことが分かっている。

この時には、高エネルギー粒子の実に10万倍の増加が宇宙機で観測されている。プラズマの速度も秒速1910キロメートルと推定され、1859年のキャリントンのフレアに迫る高速であった。

つまり、たまたま今まで地球にぶつかるような方向に飛んでいなかっただけで、キャリントンのフレアのような大きな太陽嵐は今も起こっており、いつ地球に来ても不思議はない、ということになる。

宇宙天気研究の可能性

太陽表面でのいろいろな現象が社会に影響を与えることに気づかれて以来、宇宙の物理を明らかにする天文学と並んで、太陽の影響を見極めてその対策に役立てようという研究が進められてきたが、特に最近では「宇宙天気予報」ということで各国で研究が盛んになってきている。

日本では、もともと電波通信の研究を行っていて太陽活動の影響を把握することも重要な仕事であった電波研究所が、通信にとどまらない太陽の社会的影響まで視野に入れて「宇宙天気予報」の研究を始め、現在情報通信研究機構として予報を行っているのは「まえがき」で紹介した。

アメリカでは、2008年にすでに全米科学アカデミーが“Severe Space Weather Events”(重大宇宙天気現象)という文書を出して、宇宙天気の現代社会での重要性を分析・報告している。さらに2015年にはホワイトハウスから、宇宙天気の問題に対応していく方針を示す文書が出され(図3-16)、宇宙天気が国のトップレベルでの関心事となっていることを示している。

太陽嵐が脅威になるのはどの国でも同じなので、多くの国で宇宙天気の予報が行われており、そのための研究がいわゆる天文学としての太陽の研究と密接に協力しながら行われている。手の届かない対象を眺めている浮世離れした学問と思われがちな天文学であるが、現代文明のもとでは、天体は必ずしも手の届かないものではない。

宇宙天気の研究や予報はたいてい研究所や大学が行っていて、公的に進められているものという印象を持たれると思うが、太陽嵐の社会への影響・被害の可能性が知られてくると、今では保険会社が宇宙天気をビジネスとしてとらえ、その脅威をより経済的な観点から分析している。直接一般市民が太陽嵐に打たれるわけではなく、インフラの被害を通して影響を受けるので分かりにくいが、すでに関連業界では気象と同じく自然のリスク要因として扱われているわけである。

図3-16　アメリカ・ホワイトハウスが、本図に示した“National Space Weather Strategy”、及び“National Space Weather Action Plan”という文書を発表、「宇宙天気」現象への政府レベルでの対応を示している。

宇宙天気というと、その現代

の社会的影響の観点からもっぱら地球への影響が話題になってきたが、今ではさらに未来を見据えた、発展した宇宙天気研究が注目されている。太陽嵐は惑星間空間のどこへでも飛んで行くので、たまたま地球に来なくても他の惑星に大きな影響を与える場合もある。例えば、「火星に太陽嵐が来たらどうなるか」という研究も進められている。また、太陽より激しい黒点・フレア活動を起こす恒星も多くあり、そのような星での宇宙天気現象がどのようなものか研究するのも、宇宙天気研究の新たな可能性である。

火星はもとより他の恒星の話など、それこそ手の届かないところの話と思われるかもしれない。しかし、先に紹介したようにすでに惑星探査機が太陽嵐の影響を受けているのに加え、かつては単なるSFだった火星への有人飛行は現在まじめにその可能性が検討されていて、現在研究していることは、将来の火星探検の中で考慮すべき危険となり得る太陽嵐の影響を知ることにつながる。

また近年、後で紹介するケプラー衛星の活躍などで、太陽以外の恒星の周りを回る惑星が何千個も発見されており、地球に近い温度の惑星、つまり生命がいる可能性が考えられる惑星も見つかり始めている。たとえば太陽より激しい活動をしている恒星の周囲の惑星の生命にとっての惑星間プラズマ環境はどのようなものかを研究するのは、生命の存在条件を研究する上で有用である。同時に、今より活発だった太陽活動のもとにあった太古の地球において、生命が進化してきた環境がどのようなものであったのか、その手がかりを得ることもできる。

地球に届く太陽嵐の研究もまだ発展途上である。現在、太陽面爆発の観測はかなり進んできていて、爆発が起こったことやその後でプラズマが地球に飛んで来そうかどうかは、かなり把握できるようになった。太陽面爆発が起こってからプラズマが地球に到達するまで２〜３日かかることが多いので、危なそうな現象がとらえられたら直ちに警報を出し、嵐に備えてもらおうというわけである。しかし、これでは太陽フレアで発生する強烈なＸ線（フレア発生が見えた時にはすでに地球に届いている）が起こす電離層の現象や、高エネルギー粒子の影響には備えられないし、またプラズマの到達への対策にしても短い準備期間しか取れない。

そこで、現在盛んに研究が行われているのが、黒点やその周囲の磁場の様子を見て、フレアが起こりそうかどうかを予想することである。物理的に先の現象を予測する、経験的な予測を試みる、いろいろな情報を人工知能（ＡＩ）に与えてフレア発生との関係を学習させて予測するなどの様々な試みが行われている。

今でも宇宙天気現象の様子の予報は行われているものの、十分な実用段階に至るにはまだ課題があるが、今後宇宙天気研究が進んで、天気予報のように広く予報が活用されるようになるであろう。

太陽の向こう側の黒点をとらえる

そうはいっても、思わぬ形でフレアが起こることは少なくない。まえがきで紹介したフレアは、太陽活動の極大（２０１４年）を大きく過ぎ、黒点数がピークの5分の１ほどに落ち込んでいた頃になって、第24太陽活動期最大のフレアが発生したものであった。

大規模フレアであるXクラスフレアは、太陽活動極大期に数多く起こるが、一方極小期に近いところでの発生もある。したがって、太陽活動が弱まっているからといって安心することはできない。また、このフレアを起こした活動領域は、長い間小さな黒点があるだけのフレアとは無縁だったものが、わずか2日ほどの間に急成長し、大規模フレアを起こしたものである。活発なまま西に沈んでいき、再び東から現れた時には、また小さな黒点があるだけの活動領域になっていた。

一方、２００３年10〜11月のハロウィン・イベントの時に、先に紹介したX28などの大フレアを起こした活動領域は、東から現れた時にはすでに大きく発達していた。しかし、１自転前の太陽は、ごく小さな黒点だけが見える、これもやはり大フレアとは無縁の姿であった。この後、観測史上最大のＸ線フレアが起こることは、まったく想像できない。

しかしこの時は、大黒点が見えてくることが、この領域がまだ太陽の向こう側にいた時にすでに予想されていた。太陽の向こう側での黒点の発達がとらえられていたのである。

もちろん、地球からは見えていないし、直接探査機によってその姿がとらえられたわけでもない。先に紹介したＳＴＥＲＥＯ探査機は、まだ打ち上げ前である。この時には、米欧共同で打ち上げたＳＯＨＯ探査機のＭＤＩ装置が、第5章で紹介する太陽表面の振動を詳細に観測していた。その振動の伝わり方から、太陽の裏側に大きな黒点が現れていることが予想されていたのである。その様子を図３‐17（１５４ページ）に示した。

この大黒点が現れる直前、２００３年10月22日の太陽像に見えるのは、この後Ｘクラスフレアをひとつ起こす別の大きな黒点である。図３‐17の太陽の反対側の様子の推定では、すでに大きな黒点の存在が見えており、２日後には実際に東から姿を現している。この後、この黒点の北側の何もないところに、Ｘクラスフレアを２つ起こすまでになる大きな黒点が出てくるのであるが、この時にはまったくその気配はない。

このように、太陽の、地球から見えないところの情報を得ることも、太陽嵐の予測のため

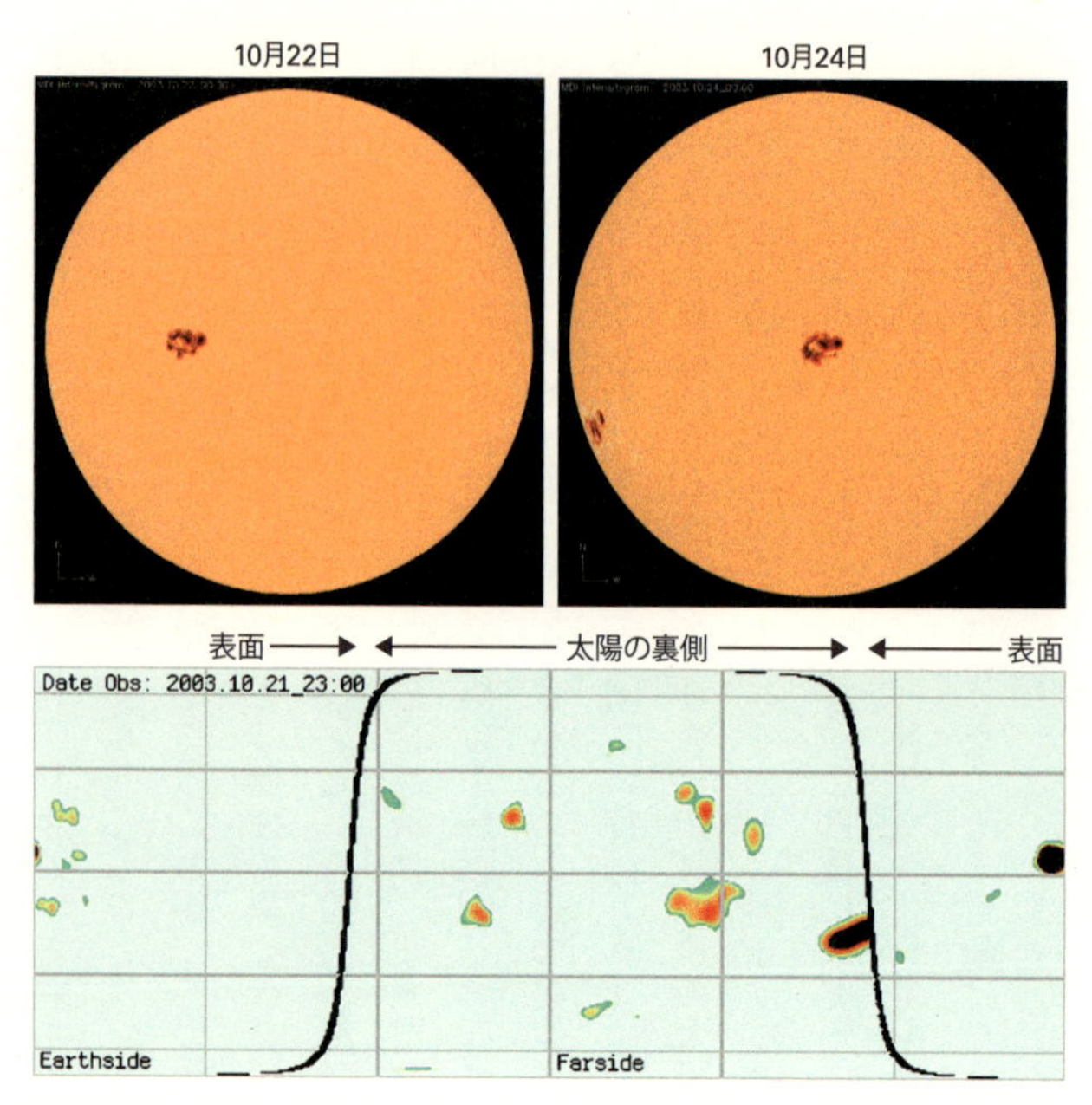

図 3-17　ハロウィン・イベントの前の太陽。左上はSOHO宇宙機MDI装置で撮影された10月22日の太陽の様子で、下図はその時の、同じMDIデータから計算された太陽の裏側の姿の推定。右上は10月24日の画像で、2日の間に大きな黒点が回ってきたことが示されている。(SOHO MDI 〈ESA & NASA〉/Scherrer, P.)

の重要な要素であるとともに、黒点の急激な発達をどのようにして事前に知ればよいかは次なる課題である。

３・５　スーパーフレア

スーパーフレアとは

太陽とは異なる性質を持つ星では、現在の太陽で知られているよりはるかに大きいフレアが起こっていることは前章で紹介した。このような星でのフレアも、物理的メカニズムの基本部分が太陽フレアと共通なので、フレアの物理を明らかにする上では重要だが、だからといって同じような巨大フレアが太陽で起こるといえるわけではない。また太古の太陽でも大きなフレアが起こっていた可能性があることも紹介した。それでは現在の太陽で、まだ知られていないような大きなフレアが起こる可能性はあるのだろうか。

これに関して、最近、「スーパーフレア」という言葉を見た、あるいは聞いたという方も多いかもしれない。スーパーというからには規模の大きなフレアである。太陽フレアの地球への影響を考えるに当たって、１８５９年のフレアと同程度のものは想定しなければならないし、２０１２年には、たまたま地球の方向ではなかったものの、大規模な質量放出が観測されており、やはり同様の規模のものが地球に来ることは想定しなければならない。しかし、今まで知られていないような、さらに大きな、それも桁違いに大きなフレアが起こり、想定外の大きな災害を引き起こすことはないのだろうか？

実際、太陽とはかなり異なる性質を持った星ではなく、太陽と似た星9個で巨大フレアが起こっていることを、２０００年にアメリカのブラッドレー・シェーファーらが見出した(Schaefer, B.E. 2000, Astrophys. J. 529, 1026)。

彼らはこれを「スーパーフレア」と呼んだ。つまりスーパーフレアというのは、本来、単に巨大なフレアという意味ではなく、太陽と似た星で実際に起こっている、フレアによって星そのものが明るくなるほどの、太陽フレアよりも桁違いに大きなフレアのことである。

その後、２００９年にＮＡＳＡによりケプラー衛星が打ち上げられた。ケプラー衛星は、図3-18のようにはくちょう座付近の約15万個の星の明るさを精密に測定し続けることにより、恒星の周りを回る惑星を見つけるのが主目的で、実際に前に紹介したように多くの系外惑星候補を発見している。

星の明るさをこのように高精度で測り続けていたことから、ケプラー衛星は星のフレアもとらえていた。柴田一成ら京都大学のグループは、ケプラー衛星のデータから、太陽に似た星8万3000個の観測の中で、365個のスーパーフレアを見出した（Maehara, H. et al. 2012, Nature 485, 478; Shibata, K. et al. 2013, Publ. Astron. Soc. Japan 65, 49）。

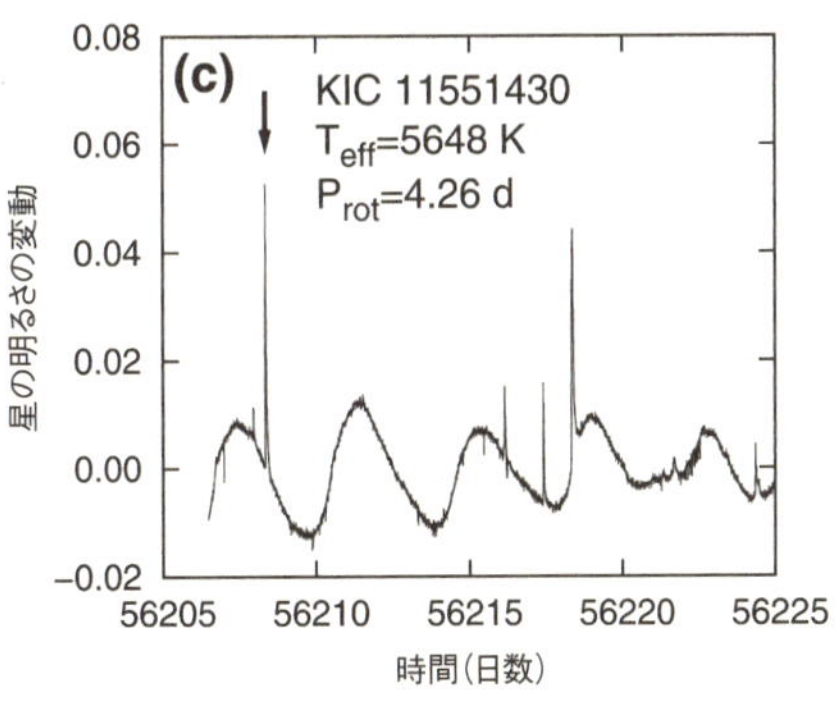

図3-18　ケプラー衛星が観測している視野と（上）、観測された巨大フレアの例（下）。「夏の大三角」と呼ばれる1等星のうち、はくちょう座のデネブとこと座のベガの間の、天の川の中心から少し外れたところを観測している。下の図は星の明るさの変化で、鋭く急激に上昇しているところがフレアである。（NASA / Carter Roberts、Creative Commons license に基づき Maehara, H. et al. 2015, EPS 67, 59の図1を転載）

これは、ひとつの星を見ていたとすると、2万4000年間に365個のスーパーフレアが起こったことに相当する。その後の研究の進展で、さらに多くのスーパーフレアが見つかっている。

スーパーフレアというからには明るく輝いているはずだが、例えば図3-18のフレアでは、星全体の明るさが約6%も上昇している。第5章で紹介するように、現在、太陽の明るさは高精度での測定が続けられていて、太陽の大フレアで太陽全体がどれくらい明るくなるかも測定されている。しかし、例えば先に紹介したハロウィン・イベントの中の2003年10月28日のX17・2という大フレアでも、太陽が0・027%明るくなったに過ぎない（Kopp, G. et al. 2005, Solar Phys. 230, 129）。図3-18（157ページ）に示したようなスーパーフレアは長時間続くこともあって、最大の太陽フレアの1万倍の大きさになるものがあると推定されている。

スーパーフレアを起こしている星は、フレア以外の時にも数日から数十日の周期での明るさの変化を示している。これは、巨大な黒点が現れていて、それが星の自転とともに地球から見えたり見えなくなったりすることが原因と考えられている。これらの星は、巨大なフレアを起こす性質を持った星のように、何か太陽と大きく異なる点があるというわけではないと考えられている。太陽では、このような巨大黒点もスーパーフレアも実際に観測されたことはないものの、太陽と似た星でもこのような極端な現象が起こり得る可能性を示している。

太陽でスーパーフレアは起こるのか

さて、太陽では本当にこのようなスーパーフレアは起こり得るのであろうか。太陽で起こり得る最大のフレアはどの程度かというのは学問的に面白い課題だが、それでは済まない。もし本当にスーパーフレアが太陽で起こるとすると、その時には世界中の電力網が破壊される、ほとんどの人工衛星が故障するといったような被害を想定する必要があり、それに対する備えも求められる。

太陽フレアは、規模が10倍のものは頻度が10分の１になるという性質がある。１８５９年のキャリントンのフレアが１００年に１回とすると、単純計算ではスーパーフレア級のものは１０００年に１回起こっても不思議ではないし、星のスーパーフレアで最大級の、キャリントンのフレアの１０００倍のものでも、10万年に１回程度、さらに大きいものも頻度は低いが起こり得ることになる。これは正しいだろうか？

地球で起こっている地震にも、大きなものほど頻度が少ないという性質がある。単純にこの法則を当てはめると、際限なく大きな地震も、頻度は低いものの起こることになる。しかし、地球の大きさは決まっており、地震の原因となる断層も大きさには限界がある。際限なく大きな地震が起こることはなく、このような法則には限界があり、ある程度以上大きなところは成り立たない。

さて、それでは太陽では、その限界はどこにあるのであろうか。実はこれはまだ分かっておらず、太陽物理で今後解明すべき重要な問題である。ケプラー衛星でスーパーフレアが見つかっている星では、同じ星で繰り返しスーパーフレアが起こっているという傾向がある。

これは、太陽にも、巨大な黒点が現れてスーパーフレアを起こす時期があるということかもしれないし、また太陽と似た星を観測しているつもりでも、実はスーパーフレアを起こしている星には、まだ知られていない太陽との違いがあるということかもしれないのである。

実際、スーパーフレアを起こす星を詳しく調べると、実は太陽より大きな、異なる種類の星だったという例もある。太陽という星の物理的性質からして、どれだけの大きさの黒点やフレアが発生し得るのか、ということを学問的に解明しなければならない。

一方、今までに太陽で巨大フレアが起こった痕跡はないかを探すのもひとつの手がかりとなる。

本章で述べたように、太陽フレアが起こると、太陽から高エネルギー粒子が地表まで飛来することがある。また次章で詳しく述べるが、太陽系外からはさらにエネルギーの高い銀河宇宙線が来ていて、放射性同位元素という形でその痕跡を残す。木の年輪などに残っているこの放射性同位元素を調べると、過去の高エネルギー粒子の流入量を知ることができる。

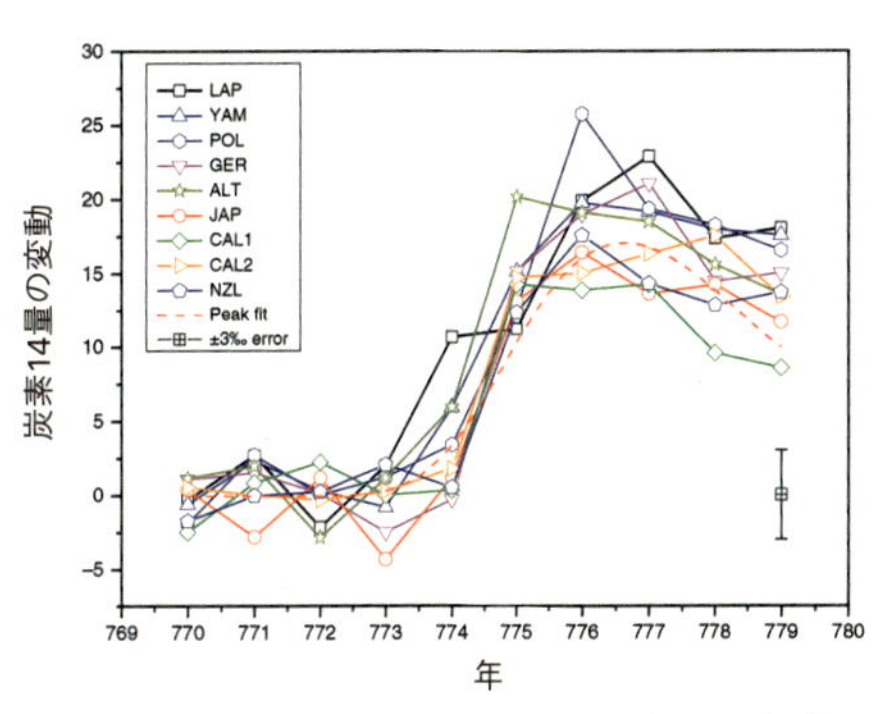

図3-19　木の年輪中の炭素14量の変化から発見された、774～775年の急激な宇宙線の増加。赤丸のJAPが、最初の発見である屋久島の杉のデータ。(Creative Commons licenseに基づきUusitalo, J. et al. 2018, Nat. Commun. 9, 3495の図2を転載)

名古屋大学の三宅芙沙らは屋久杉を使って、8世紀（774～775年）に過去3000年間で最大級の急激な高エネルギー粒子の増加が、また10世紀（993～994年）にもこれに次ぐ急激な増加が起こったことを発見した。これがきっかけになって多くの研究者がこの現象を調べ始め、図3-19に示したように、今では世界各地の試料でこの現象が確認されている。

これは、銀河の中で超新星爆発のような

現象が起こったためかもしれないが、一方、太陽で巨大なフレアが起こり、通常のフレアでは見られないほどの高エネルギー粒子を放出したのかもしれない。太陽起源と分かれば太陽におけるスーパーフレアの発生が実証されるわけだが、それは放射性同位元素だけでは難しい。スーパーフレアだとすると激しいオーロラも起こっていたと考えられるので、その記録を探すなどの研究が行われているが、今のところ太陽起源は立証されるに至っていない。

第4章

「変わらぬ太陽」は本当に変わっていないか

4・1 「変わらぬ太陽」の変動

黒点が現れない

前章までで、太陽嵐とその影響について具体的に紹介してきた。また、太陽活動が活発になって太陽嵐の発生が心配されるようになると、その影響を受けそうな関連業界では動きが慌ただしくなって報道で取り上げられることもすでに触れた。

大きな黒点が出現すると、台風などと同じように、その盛衰に注目が集まる。ということは、逆に太陽活動が静穏で黒点が現れなければ、被害の心配はないはずである。ところが、2008〜2009年頃には、「黒点がしばらく現れていない」というのがニュースとして報道された。太陽面爆発の心配をしなくてもよいから安心などということが報道されたわけではなく、太陽活動が低いことによる懸念が報道されたのである。

その頃は11年周期で変動している太陽活動の極小にあたる時期で、極小期には1年の半分程度黒点が見えないことは珍しくないので、黒点があまり現れないのは不思議ではない。しかし２００８年と２００９年は特に黒点が少なく、年間２５０日以上黒点が現れなかった。中でも２００８年８月頃や２００９年８月頃には、実に30日間以上連続で無黒点の状態が続き、太陽活動の極小の時期とはいえ、近年にない活動の低さになっていた。

前回、これほど黒点が現れなかったのはちょうど１００年ほど前のことで、したがって太陽は１００年ぶりの活動の低さとなったわけである。この、最近になく太陽活動が低いことによって懸念されることというのは、太陽が地球の気候変動に与える影響なのだが、これについては、少々長い説明が必要である。

小氷期とマウンダー極小期

ここで、太陽のことはちょっと脇に置き、地球の気候の話をしよう。

年によって冷夏・厳冬だったり酷暑・暖冬だったりというのとは別に、地球の気候は例えば何百年という期間での、よりゆっくりとした寒冷化や温暖化があると考えられている。15世紀頃から19世紀半ばあたりは地球上の広範囲でやや寒冷だった時期と考えられ、これは「小氷期」と呼ばれている。地球全体で10℃も気温が下がる本格的な氷期ほどの規模ではないという意味で、「小」がついている。

ちなみに最も新しい本当の氷期は1万2000年ほど前に終わり、現在は次の氷期までの間の「間氷期」という温暖な時期である。地質時代の区分では、氷期とともに更新世と呼ばれる時代が終わり、完新世と呼ばれる時代が始まって現在に至っている。

その小氷期の中でも、17世紀から18世紀前半あたりは特にヨーロッパで気温が下がっていたことを示す記録が多くある。

この時に必ず引き合いに出されるのが、ロンドンのテムズ川が冬に凍って人々が氷上で

図4-1　凍ったテムズ川上でのフロスト・フェアを描いた絵。1685年頃、作者不明。遠くに見えるのが、ロンドン橋である。（Yale Center for British Art, Paul Mellon Collection）

楽しんだ、「フロスト・フェア（「氷点下市場」とでもいおうか）」という行事である。

この話題になると、その情景を描いたエイブラハム・ホンディウスという画家の1677年の大変有名な作品がいつも登場する。それ以外に作品はないのかと思われそうなので、1685年頃とされる別の画家による作品を図4-1で紹介してみた。

この頃、テムズ川の凍結は珍しくなく、多くの記録が残されている。気温の低下は植物の生育にも影響するはずで、実際農業生産にも打撃があったと考えられており、この頃のヨーロッパでは人口増加に停滞がみられる。

このように、特に寒かった17世紀から18世紀前半のこの時期は、実は第１章でマウンダー極小期として紹介した、太陽黒点が極端に少なかった時期と一致しているのである。前述のように望遠鏡を使った太陽黒点の観測は17世紀初頭に始まり、現在まで４００年の歴史がある。この間の黒点数の変化を見ると（第１章の図１‐８〈41ページ〉を参照）、特に気温が下がっていた時期と、極端に黒点が少なかった時期がまさに重なっている。この期間にあたる１６４５～１７１５年を「マウンダー極小期」と呼んでいる。

マウンダー極小期の存在

この時期に黒点の記録が少ないこと自体はかなり以前から知られていたが、前後の時期に比べて本当に黒点が少なかったかどうかは、長く疑問視されてきた。黒点は大きなものもあれば小さいものもあるので、大きな望遠鏡で太陽を見れば多くの黒点が見え、小さい望遠鏡なら数が少なくなる。異なる時期の黒点数を比較するためには本来同じ望遠鏡で見なければならない。実際にはこれは難しいので、19世紀にウォルフが様々な観測をあたかも同じ望遠鏡で見たかのように換算する統一した基準を作った、という話は第1章で触れた。

信頼できる観測のある18世紀半ば以降は確度の高い黒点数変化が得られており、11年周期の規則正しいふるまいが見えている。一方、それ以前は黒点観測の方法が確立されておらず、特に17世紀は望遠鏡自体が未熟な時代であった。

図1-8（41ページ）では黒点の増減を示す棒グラフが1700年以降しかなく、それ以前は断片的な観測からの黒点群数の推定値になっているが、これは観測そのものの少なさのためである。このことから、望遠鏡の性能不足や観測・記録の仕方の問題で見かけ上数が少なく見えるのではないかという考え方が古くからあった。

19世紀になってドイツの天文学者グスタフ・シュペーラーが、この時期実際に黒点が少なかったのではないかということを指摘する。彼は、第1章で触れた、11年周期の中で黒点が現れる緯度が高緯度から低緯度へ変化していくということを明らかにしたのだが、この研究の過程で黒点の緯度を調べるために古い記録を系統的に調べており、その結果、黒点が少なかった時期があったという結論を得た。

その後、イギリスの天文学者エドワード・マウンダーが、妻でやはり天文学者であったアニー・マウンダーとともに、やはりこの時期黒点は大変少なかったという結論を得た。彼らは写真を使った黒点位置の精密測定の研究を行ったのを発端として、シュペーラーなどによる古くからの長期にわたる黒点の記録を分析した。

さらにその後、アメリカの天文学者ジョン・エディによる広範な記録の収集の分析を経て、実際に黒点が減っていたことが確実になり、エディはこの黒点が極端に少なかった時期をマウンダーの名前を取って「マウンダー極小期」と名づけた（Eddy, J.A. 1976, Science 192, 1189）。

これは、望遠鏡で直接黒点があるかないかを観測した例を掘り起こして調べたことで黒点の減少が確実になったということだけではなく、オーロラの記録の中で、黒点活動やフレア爆発が活発な時に見られる種類のオーロラがこの時期に減少していること、この間の皆既日食で見られた太陽コロナがかなり暗かった徴候があること（太陽コロナは11年周期の極大近くでは全体に明るく、また放射状の明るい構造が四方八方に延びるが、極小近くでは明るさが低下するとともに明るい構造が東西方向にだけ延びる、という変化を見せる）、さらには後述する宇宙線の痕跡でも太陽活動が下がっていた形跡が見られるなど、様々な証拠を積み上げていった結果として導き出された結論である。

太陽活動と地球の気温のつながりを探るために、過去を知る

さて、黒点数が極端に減っていたマウンダー極小期の存在が確実となれば、特にヨーロッパで気温が下がった時期と太陽活動の低下の時期が一致しているということになる。太陽活動と気温に関係があるのだろうか。

「変わらぬ太陽」だからこそ毎年の稔りがあって人類の繁栄は成り立ってきたのだが、その「変わらぬ」はずの太陽が変化しているとなると、ことは重大である。太陽活動と気温に関係がある可能性が現実のものになってくると、それ以降、多くの研究が行われるようになった。以前は太陽活動と気候に関係があるなどという説はまったくの眉唾(まゆつば)扱いであったものが、現在はその可能性がまじめに議論されるようになっているのだ。現在では、地球外の宇宙の現象で気候変動が起こることを「宇宙気候」と呼んでいるが、これは、宇宙天気で扱う短期的な現象よりも、長期的な変動を扱うという意味の言葉である。

それにしても、太陽活動が低下すると、なぜ気温が下がるのだろうか?

第3章までで、太陽表面に黒点が現れて爆発を起こしたりすると、地球では電磁気的な環境に影響することは説明したが、それを除けば、古来、人類が考えていたように太陽はやは

り変わらない存在のように思われる。しかし実際には、短期的な観察だけでは見えてこない様々な変動が太陽活動にともなって起こっているということが分かってきた。確実なことは今のところまだ分かっていないが、その変動のいずれかが地球の気候にも影響を与える可能性は否定できない。

ここで、無黒点日が続いたという報道に戻る。近年になく太陽活動が低下したということは、マウンダー極小期のような黒点がほとんど現れない時期（大極小期と呼ばれる）が再び訪れ、今後地球の気温が低下していくことの予兆であるなどと言い出す人がいて話題になったわけである。

２００９年を底として、その後、次の11年周期の極大へ向けて黒点は増えていったわけだが、その増加は鈍く、極大となった２０１４年の活動レベルはその前の極大の２０００年頃に比べても、またそれ以前まで含めたここ数十年の活動に比べても大きく下がっており、最近の１００年間では最も低い活動度であった。つまり、２００９年前後の活動の極小の時ばかりでなく、その後の太陽の活動も低い状態が続いている。

このように、マウンダー極小期には十分ではないにせよ、望遠鏡による黒点観測があったので太陽活動と気温低下の関係が議論されるようになったのだが、過去の太陽活動の様子を望遠鏡による観測記録でさかのぼれるのは約400年前までである。

それより以前の太陽活動がどうであったのか、また地球の気候の変動はどうであったのかは、どのようにして知ることができるのだろうか。人間の手による太陽黒点の記録は肉眼で見たものであれば紀元前までさかのぼるとはいえ、極めて散発的で、それだけでは過去の太陽活動を知るのは難しい。しかし、誰も見ていない過去の太陽活動をどうやったら知ることができるのだろうか？　その話の前提として、少々長くなるが、太陽風と銀河宇宙線の話をしよう。

4・2　太陽風と銀河宇宙線

太陽風とは

太陽は電磁波という形でエネルギーを放っているが、太陽が放出しているのはそれだけではなく、コロナ質量放出などで物質も磁場とともに放出していることはすでに説明した。また、コロナ質量放出のような激しい現象でなくとも、太陽は常に物質を放出している。これを「太陽風」と呼んでいる。風のように、いつも太陽から噴き出しているということである。太陽コロナは太陽の周辺で明るく見えているが、単にその場にとどまっているわけではなく、太陽表面から外へと延びていく磁力線とともに惑星間空間へと逃げていくものもある。これが太陽風である。

もともとそのような存在が考えられたのは、図４－２のように、夜空に見える彗星の尾がいつも太陽と反対方向に延びているため、尾を吹き流す何かがあるのではないかということからだった。

１９３０年代になると、太陽コロナが１００万度という大変な高温であることが分かって

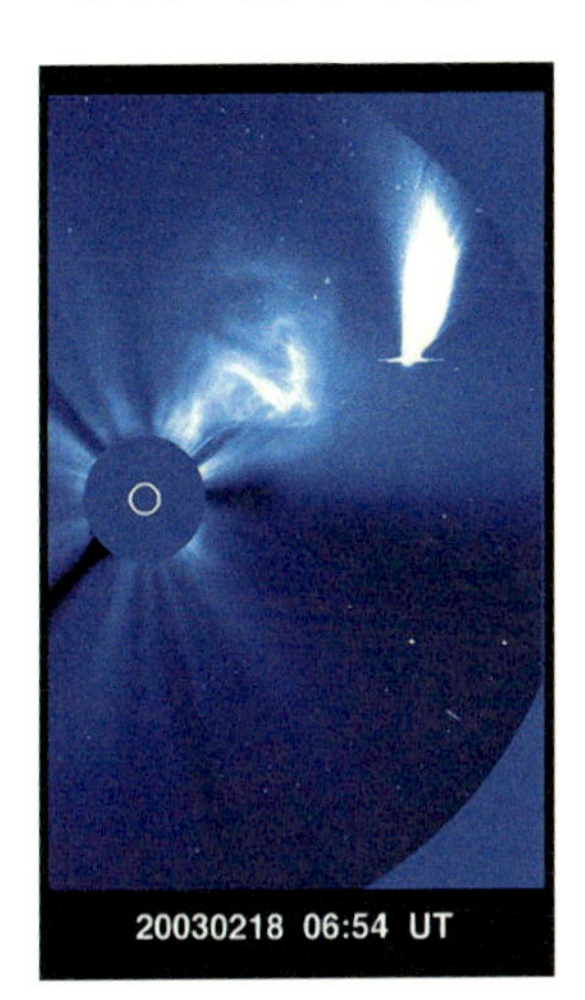

図４-２　SOHO/LASCO装置でとらえられた、太陽の反対側に尾をたなびかせながらコロナ質量放出をかすめて進むNEAT彗星。彗星から放出された物質は太陽風によって吹き流され、同時に彗星も動いていることにより、尾が形作られる。(SOHO LASCO〈ESA & NASA〉)

きた。そこで、第1章でも紹介したシドニー・チャップマンは、太陽から地球を越えて太陽系に広がる、静的なプラズマの雲が存在すると考えた。

一方、ドイツの天文学者ルートヴィヒ・ビアマンは、1950年代に彗星の尾の様子を詳しく調べて、太陽からはあらゆる方向に高速粒子が放出されていると唱えた。静的なプラズマがあれば、その中を高速の粒子が遠くまで飛んで行くことはできないからである。

チャップマンもビアマンも最終的に解決できなかったが、この問題は、1958年にアメリカの天文学者ユージン・パーカーにより答えが出された。彼は、太陽からゆっくり流れ出すコロナが、次第に加速されて超音速で惑星間空間を吹き抜けるという太陽風理論を発表したのである。そしてその後すぐ、人工衛星の観測などによって実際に太陽から常時プラズマが噴き出す太陽風が発見された。

太陽系は、惑星がある以外は真空のように思えるが、図4-3のように、実際には惑星間の空間は高温のコロナが噴き出した太陽風で満たされている。といっても、それは極めて希薄なことに変わりはない。ただ、コロナ質量放出のような激しい現象ではないといっても、太陽風の速度は毎秒数百キロメートルに及ぶ。これが彗星にぶつかると、彗星の核の表面に噴き出してくるガスを吹き流すので、「ほうき星」の尾が形作られる。

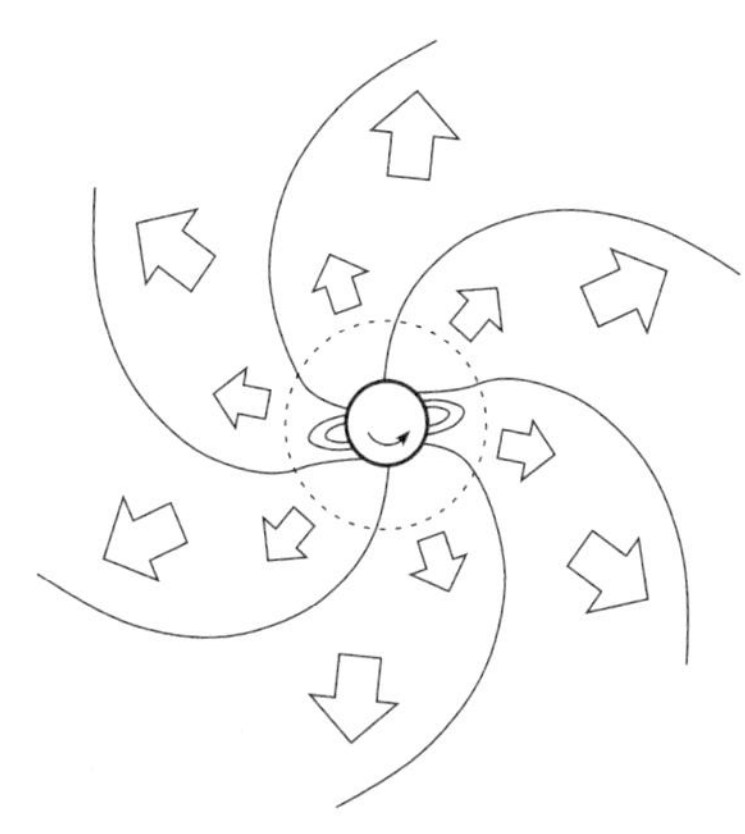

図４-３　太陽から噴き出す太陽風と磁場の模式図。太陽コロナは太陽の近くでは複雑な形をしているが、ある程度離れたところから太陽風が全方向へ同じように噴き出している。磁場が渦巻き状になるのは、太陽が自転しているため。

また、太陽風は、大気のある惑星にぶつかれば大気をはぎ取っていくし、大気のない惑星であれば地面を削っていく。火星の大気が希薄なのはもともとあった濃い大気が太陽風にはぎ取られてしまったからと考えられており、また小惑星は表面が削られるので、ものによってはその大きさが変わるほどにだんだんとやせ細っていっていると考えられている。

太陽風は、地球に吹きつけても地球磁場と大気のおかげで直接地表に達することはない。ただ、太陽風とともに惑星間空間へと流出していく磁力線と地球磁場の相互作用により、太陽風の一部は地球磁場の中に入り込み、太陽と反対側の磁気圏の尾部と呼ばれるところへと流されていく（第3章の図3－7〈118ページ〉を参照）。

磁気圏尾部では磁力線のつなぎ替えが起こっているが、入り込んだ太陽風の、電子や陽子など荷電粒子と呼ばれる粒子が、このつなぎ替えの時に放出されるエネルギーをもらって1～10キロエレクトロンボルトという高エネルギーまで加速され、磁力線に沿って北極や南極に降り注ぐ。この時に荷電粒子が大気上層にぶつかり、エネルギーをもらった大気中の原子が光を放つとオーロラとして見えるのだ。

第1～第3章で紹介したように、太陽面爆発によって大量に放出された粒子が地球の極域に降り注ぐと、緯度が低いところでも見える激しいオーロラが発生する。しかし、オーロラはそれだけではなく、極に近いところで見えるいわゆる普通のオーロラは、むしろ太陽から吹いてくる太陽風によって発生している。

この太陽風は、やはり太陽活動によって増減しており、太陽活動が活発な時には激しく流出するので、地球にぶつかる太陽風も激しくなる。そして、この太陽活動の影響を受けて太陽風が変動することによって影響を受けるものとして、銀河宇宙線がある。

銀河宇宙線とは

前章で少し説明した銀河宇宙線というのは、もはや太陽はもちろん太陽系のものですらなく、太陽系の外の宇宙から太陽系内部へ、そして地球へと降ってくる高エネルギーの荷電粒子で、たいていは陽子である。このような宇宙線は主に超新星残骸が起源と考えられている。他にも、活動的な銀河の中心核からも来ていると考えられている。

超新星は、太陽より数倍以上重い大きな星が一生の最後に大爆発を起こして輝く現象で、例えば平安時代の１０５４年に突然輝き出した超新星は日本でも記録され、後年、鎌倉時代の歌人である藤原定家が入手したその記録の写しが、定家の日記である「明月記」の１２３０年の記事に残っている。

この超新星の名残りが、現在小さい望遠鏡でも見ることができる、おうし座の「かに星雲」である。第１章で江戸時代のオーロラの記録に触れたが、「明月記」にはオーロラも記録されている。当時は、マウンダー極小期とは逆に太陽活動が活発だった時期であると考えられており、おそらくその中で起こった太陽嵐によって引き起こされたオーロラであったのであろう。

かに星雲のように超新星の爆発の後に残った天体を「超新星残骸」という。超新星残骸はあまりに高速に膨張しているため衝撃波ができていて、ここで粒子が加速されて宇宙へと放出されている。それが太陽系内部にまで飛んで来る。太陽からは光ばかりではなくもの（粒子）も飛んで来ることは前述したが、近所の太陽ばかりでなく、はるかな宇宙からも光に加えてものが飛んで来るわけである。超新星は銀河系内だけでも数十年に1回程度発生し、その後何万年も銀河宇宙線を放出し続けると考えられている。

地球にはいつもこの銀河宇宙線が降り注いでいる。この銀河宇宙線が地球に降ってくると大気中の原子にぶつかって核反応を起こす。太陽からのX線・紫外線が上空の大気に吸収されることは第3章で述べたが、この時に、後で紹介するように化学反応が起こることがある。X線・紫外線は、大気中の原子同士の結合を変えてしまうエネルギー（10～1000エレクトロンボルト）を持っているのである。

また、太陽フレアで作られて太陽から飛来する高エネルギー粒子（太陽宇宙線）は、文字通りもっと高いエネルギーを持つ。ただ、特別に大きなフレアでなければ、ほとんど1メガエレクトロンボルト（＝100万エレクトロンボルト）程度までである。

これに対して銀河宇宙線は、図4‐4にあるように、100メガエレクトロンボルト以上、

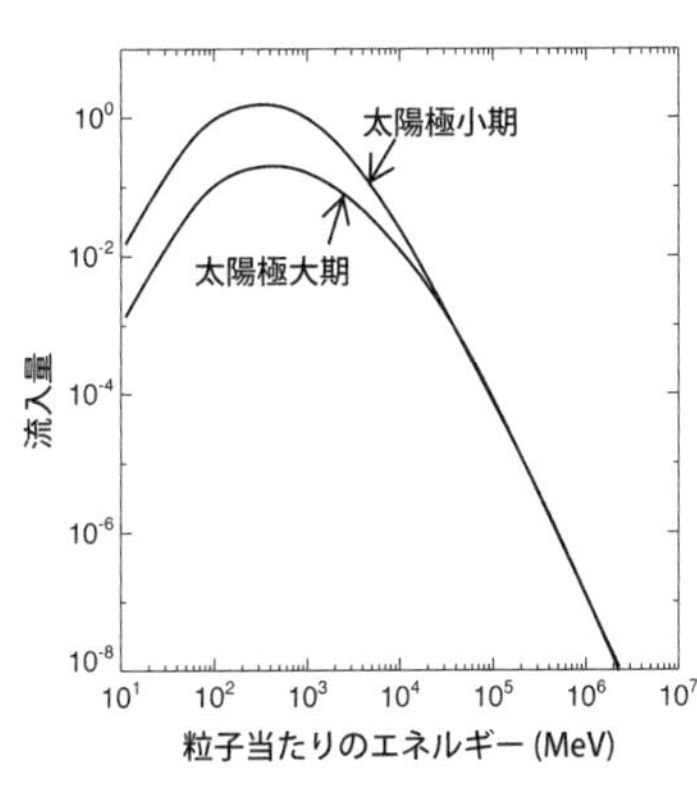

図4-4　銀河宇宙線の、エネルギーの分布と、太陽活動による流入量変化。銀河宇宙線の中では、100メガエレクトロンボルトから2ギガエレクトロンボルトといったエネルギーのものは、最も エネルギーが低いものであるが、数は最も多い。

たいていはさらにその10倍の1ギガエレクトロンボルト以上という桁違いに大きなエネルギーを持っている。このため、大気中の原子の中の原子核を破壊してしまうほどである。

破壊によって生じた粒子のエネルギーも大きく、さらに別の原子核に当たってまた核反応を起こすこともある。この、はるか宇宙から飛んで来た高エネルギー粒子が、地球上の原子に影響を与えているわけである。

銀河宇宙線が地球大気で起こす反応

宇宙線による核反応の結果として最も有名なのは炭素14であろう。炭素はたいてい陽子6個と中性子6個でできた原子核を持っている（炭素12）が、炭素14は中性子を8個持つもので、陽子と合わせて14個の核子を持つので炭素14と表現され、もともと地球上には存在しない。

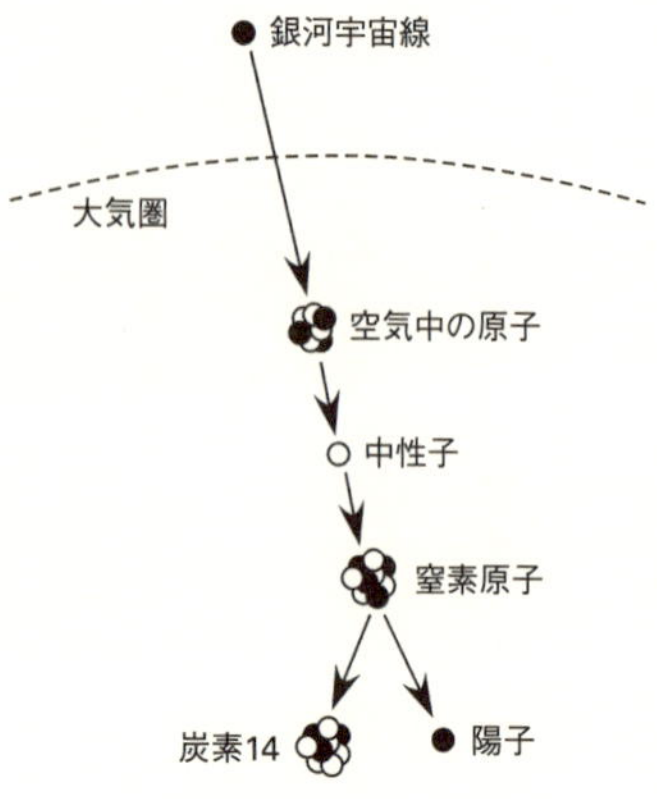

図4-5　炭素14の生成

図4－5のように、銀河宇宙線が大気の原子にぶつかって原子を破壊した時、副産物として中性子が放出された場合、これが大気中に最もたくさんある窒素の原子（7個の陽子と7個の中性子を原子核に持つ）にぶつかって原子核に入り込むと、入れ替わりに陽子1個が放り出されて6個の陽子と8個の中性子の原子核、つまり炭素14が作られる。

この反応は大気の上層で起こるが、生成された炭素14は二酸化炭素の形でだんだん降りてきて地表に達し、植物に取り込まれる。その植物を人間を含めた動物が食べれば動物にも取り込まれる。銀河宇宙線が間断なく地球に降り注いでいれば、生きている動植物はいつも炭素14を体に取り込んでいるわけである。

この炭素14は放射性同位元素で、半減期5730年でベータ崩壊（中性子から電子とニュートリノが飛び出して陽子になる）し、元の窒素14に戻る。つまり、銀河宇宙線がどんどん炭素14を作ってもいずれ崩壊してしまうため、環境中の炭素のうち、炭素14はある一定の割合

（約１兆分の１）しか存在しない。

生物は、生きている間は炭素14を取り込んでいるが、死んでしまうと体内の炭素14は崩壊する一方である。５７３０年経つと炭素14は半分になるわけなので、動植物由来の考古学的遺物の炭素の中の炭素14の割合を測定すると、その動植物が死んでからどれだけ経つのかを知ることができる。これが、有名な炭素14による年代測定法で、元をたどればはるか銀河系の彼方から飛来した銀河宇宙線を利用しているわけである。

これ以外にも、宇宙線によって大気中にわずかに存在するアルゴンが放射性塩素36（半減期30万８０００年）に変わったり、酸素や窒素が破壊されて放射性ベリリウム10（半減期１５１万年とされてきたが、最近の研究では１３９万年という説もある）や放射性ベリリウム７（半減期53日）が生成されたりするので、それぞれ年代測定などに利用されている。

銀河宇宙線と太陽風の関係

銀河宇宙線には非常にエネルギーの高いものがあり、人為的に作り出すのが不可能なほどの高エネルギーの現象を垣間見せてくれるため、より高エネルギーのものに関心が集まる傾向にある。

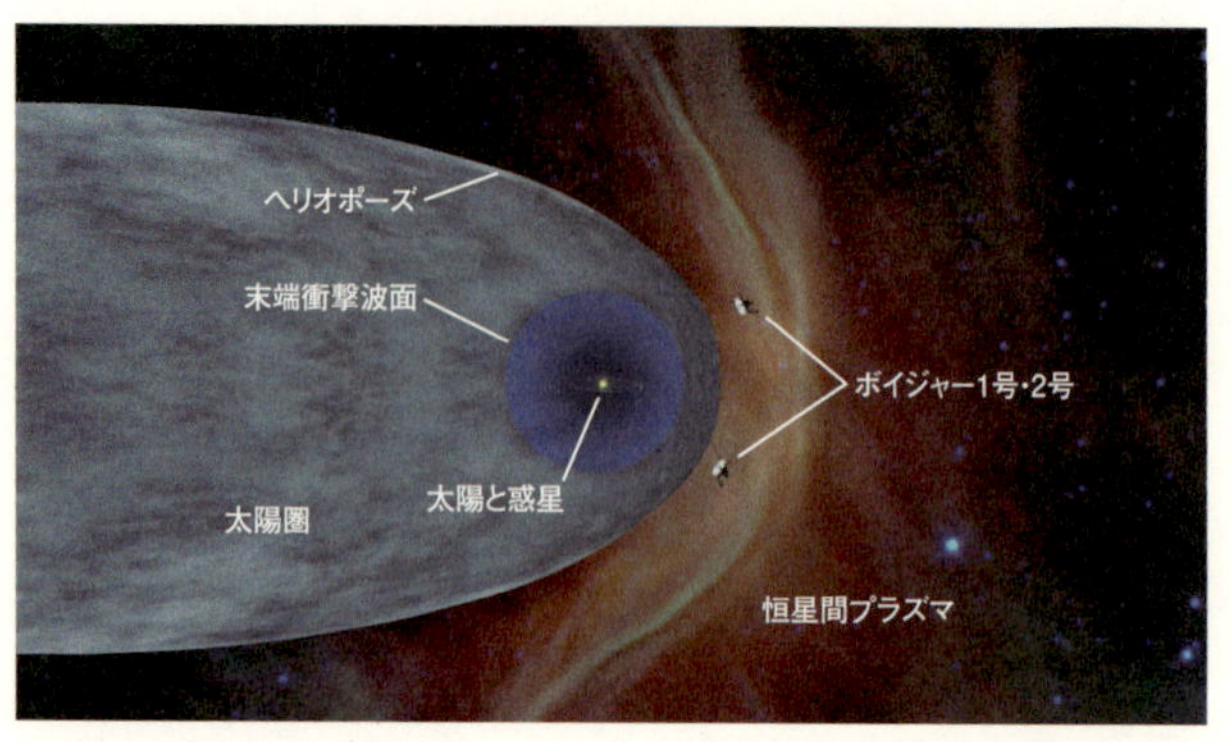

図4-6　太陽圏とそれを取り巻く恒星間プラズマ。ボイジャーは太陽圏を飛び出している。(NASA/JPL-Caltechの画像に追記)

しかし、図4-4(179ページ)を見れば数としてはエネルギーが低いものの方が多い。

エネルギーが高いものは銀河系の彼方から比較的簡単に太陽系内部まで侵入するが、エネルギーが低いものになると、なかなか太陽系内部まで侵入して地球に到達することはできない。太陽風が吹いている領域まで入り込むと、太陽風とともに流出している太陽の磁場によって行く手を阻まれる。

では、どこまで太陽風が吹いているかというと、図4-6のように、太陽と他の星の間の恒星間空間にも弱い磁場と希薄なプラズマがあり、遠方へと広がった太陽風は、このような恒星間プラズマにぶつかるところ(ヘリオポーズ)まで吹くのが限界である。

この限界が、電磁気的な意味での太陽系の果てである。つまり、太陽系は電磁気的には銀河に浮かぶ泡のようなもので、この太陽を中心とする泡の内部を「太陽圏」と呼んでいる。

太陽圏の果てまでの距離は、太陽地球間の距離のざっと１２０倍、１８０億キロメートル程度である。ここを越えれば、そこは恒星間プラズマの支配する世界である。およそ人間の手の及ばない彼方のようにも思えるが、ここに到達した人工天体がある。

１９７７年に打ち上げられたボイジャー１号・２号がそれで、木星・土星・天王星・海王星に接近して驚異的な惑星の姿を撮影した後、太陽の重力を脱して恒星間へ向かう飛行を続けている。

長らく太陽風の中を飛行していたボイジャーだが、ＮＡＳＡの発表によれば、１号が２０１２年に、２号が２０１８年に、ついに太陽圏を脱した。ボイジャーで観測している宇宙線量が増加したことなどが、太陽圏を脱した証拠とされたのである。

さて１８０億キロメートルの彼方というのは、最遠の惑星である海王星より４倍も遠くではあるが、電磁気的な意味での太陽の勢力範囲がここまでであっても、力学的にはもっと遠方まで太陽の支配が及んでいる。

例えば、セドナという小惑星（太陽系外縁天体）は海王星よりはるか外側を公転していて、太陽から最も離れる時は太陽地球間の距離の１０００倍にも達するということで、軌道が発表された2004年当時、話題になった。今ではさらに遠く、太陽地球間の2500倍に達する小惑星も見つかっていて、また彗星の故郷はさらにその外側と推定されている。

銀河宇宙線の11年周期変化

このように太陽風が磁場とともに噴き出しているため、太陽系内部へ向かって飛んで来た荷電粒子である銀河宇宙線は、すんなりとは太陽系内部に侵入できず、太陽系内の磁場と自身の運動によって発生するローレンツ力を受けて経路が変わり、全体として太陽系から押し出されたり、エネルギーを失ったりする。つまり、太陽風には銀河宇宙線の侵入を減らす働きがある。ボイジャーが観測した太陽圏の外縁に近づいてきた時の宇宙線の急激な増加も、太陽圏内部に宇宙線が侵入しにくくなっていることに対応している。

さて、この太陽風とその磁場も、太陽活動が活発な時には強く噴き出している。したがって、太陽活動が活発なら銀河宇宙線を侵入しにくくする作用が強くなる。図4‐4（179ページ）のように、銀河宇宙線の中でもエネルギーの高いものは太陽風の影響を受けにくいので、太陽活動で変動するのは、0・1～2ギガエレクトロンボルト程度の、銀河宇宙線としては最もエネルギーが低いものである。

エネルギーが低い銀河宇宙線は、太陽活動の極小期なら、太陽系の端に到達してから数日で地球まで達するが（邪魔がなければ１日かからないが、極小期でも磁場に邪魔されて数日を要する）、極大期になると磁場によって右往左往させられて、実に１〜２か月もかかって地球まで到達する。この間に外へ押し出されてしまったり、エネルギーを失ったりするので、地球に到達する宇宙線は、太陽活動に合わせて変動する。すなわち太陽活動が活発になると宇宙線が減り、静穏になると増えるという11年周期での変動をしている。また、マウンダー極小期のように、もっと長い時間スケールの太陽活動の変動があれば、地球に降り注ぐ銀河宇宙線も、やはりそのような長い時間スケールでの変動をしているはずである。

銀河宇宙線の変動を過去にさかのぼる

銀河宇宙線によって作られる放射性同位元素は、その時の太陽活動によって影響を受けて決まる銀河宇宙線の流入量に対応する量が作られ、それが時間とともに一定割合で減少していく。言い換えれば、ある時の太陽活動の記憶を長い間保ち続けるわけである。先に述べた放射性炭素14は半減期が５７３０年なので、数万年という長期にわたって太陽活動の記憶を保ち続けることになる。

放射性炭素14は考古学的遺物での残存量を測って年代測定に使われることで知られると述べたが、残存量を測るということは「もともとどれだけ作られていたのか」知っていないと、正しい年代測定が難しくなる。この「もともとどれだけ作られるか」が太陽活動で変動しているわけである。そこで、年代の分かっているものに含まれる炭素14を測定して、その残存量からもともとどれだけ作られたのかが推定されている。例えば木の年輪には、それぞれの年輪ができた年に木が吸収した炭素14が含まれる。それぞれ年輪ができた年は、伐られた年が分かっている木であれば単に外から数えていけば分かるし、昔伐られた、もしくは倒れた木でも、すでに年が分かっている年輪のパターンと一致するところを見つけることができれば、そこを基準にして年を決めることができる。

このようにして古い木の標本が入手できる1万2000年くらい前まで、他の標本も使うと数万年前まで、年と炭素14量の対応ができる。しかも、年代測定の肝となるものなので広範に研究が行われてデータが蓄積されている。前に述べた通り、1万2000年前というのは、氷期が終わって温暖な間氷期に入った頃である。

さて、年代を測定するために炭素14の生成量の変動を昔にさかのぼって知ることができるということは、炭素14の変動の仕方から、原因となった銀河宇宙線の流入量の変動と、その変動のもとになっている太陽の活動の変動も知ることができることになる。

実際には、残存する炭素14量は銀河宇宙線だけでなく他の効果もあって変動している。後で述べる地磁気の変化は、その原因のひとつである。また、昔海に溶けた二酸化炭素が空気中に放出されれば炭素14量の少ない二酸化炭素が増え、最近だと化石燃料を燃やすことでやはり炭素14量の少ない二酸化炭素が大気中に大量に放出されている。これも変動の原因となる。一方、核爆発は逆に炭素14量を増やすことになる。

人為的な効果は最近の話で古い年代の研究にはまだ影響しないとはいえ、他の様々な要因による炭素14量があるため単純に太陽活動を再現できるわけではないが、いずれにしても炭素14量の変動には太陽の活動の変動が含まれている。このため、図4－7（188ページ）に示すエディの研究の時点（1976年）で、すでにマウンダー極小期に当たるところで炭素14量が増えている、つまり当時銀河宇宙線が増えており、太陽活動が低下していたことを意味しているということが分かっていた。

過去の太陽活動変動と気候の関係の研究が始まる

望遠鏡による太陽の観測は約400年間だが、炭素14量の変動は、エディの研究の時には数

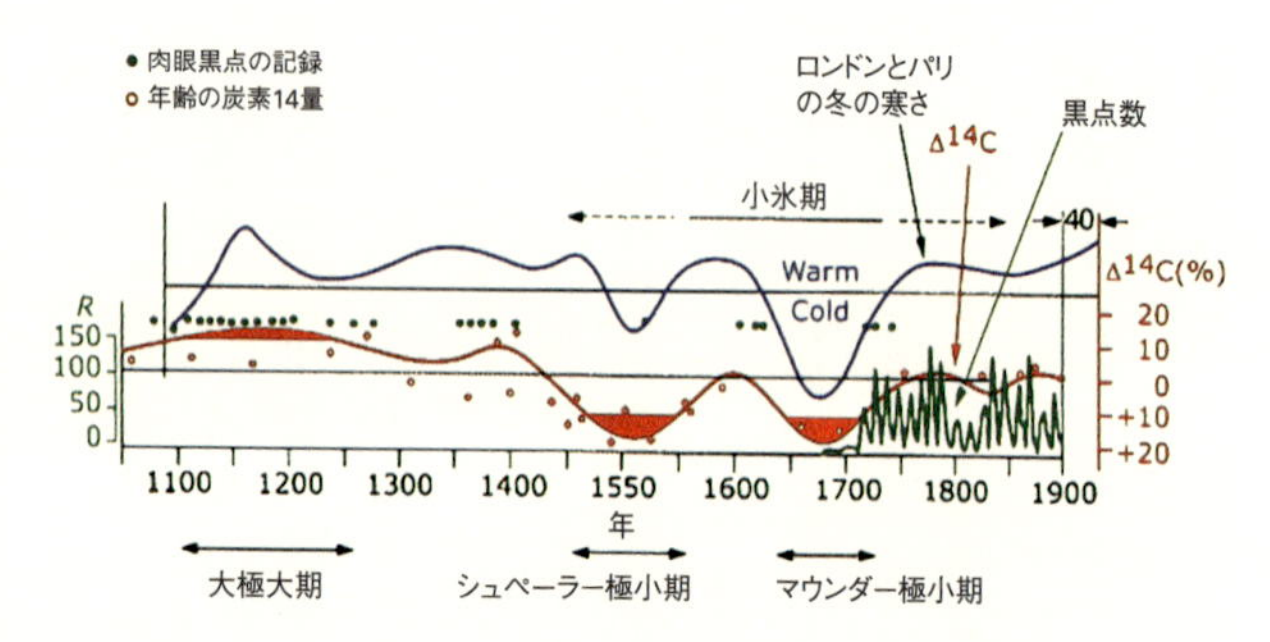

図4-7　エディによる最近1000年間の太陽活動の記録に、気温の変化を重ねて書いたもの。太陽活動の増減は、黒点相対数、肉眼黒点の記録、そして炭素14量から推定される。気温の指標は、ロンドン・パリの冬の厳しさの記録で、40年ずらして表示されている。マウンダー極小期・シュペーラー極小期における気温の低下や、12世紀を中心とする大極大期には全体として気温が高かったことを示しており、太陽活動と気候変動の良い相関を示すとされていた。(NASAの画像に追記、Eddy, J. A. 1976, Science 192, 1189に基づく)

千年分のデータの蓄積が得られていた。これにより、望遠鏡発明以前の太陽活動の様子を知ることができた。

それによれば、望遠鏡が発明される少し前の1460〜1550年にも太陽活動が低下した時期があることが分かっている。エディは、これを「シュペーラー極小期」と名づけた。

この時期は望遠鏡での記録はないものの、オーロラの記録が少なかったり、肉眼で黒点を見た記録が少なかったりということで、太陽活動が低下したと考えて矛盾しない。また、12世紀を中心とした時代には逆に炭素14量から太陽活動が活発だったと考えられるが、実際、この頃には中国で肉眼黒点が記録される頻度が高かった。本章で紹介した明月記のオーロラも、この頃である。「変わらぬ」はずだった太陽の変動は、マウンダー極小期に限るわけではなく、特別なことではないのである。

気候との関係では、エディ以前にすでに、後にマウンダー極小期と呼ばれる黒点の少ない時期が気温の低い時期が重なっていることは知られていた。

図４‐７には、エディの研究の時に気候の長期変動の情報として入手できた、ロンドンとパリの冬の厳しさも合わせて示してある。エディが再現した過去の太陽活動と比べると、シュペーラー極小期に一致する寒冷な時期があり、マウンダー極小期の頃と合わせて小氷期に対応している。また、12世紀を中心とした太陽活動が活発だった時期は、全体として気温も高くなっている。この時期は、「中世温暖期」と呼ばれていた。

このように、銀河宇宙線の痕跡から再現される太陽活動と気候変動には、明瞭な相関があるように見える。ただ、より最近の気候変動の研究からは、偶然の一致で高すぎる相関になったという面があることも指摘されている。

図４‐７の気候変動のグラフは、40年ずらして表示されていることに注意していただきたい。これは、炭素14が生成されてから生物に取り込まれるまでの時間遅れを考慮していると

いうことだが、つまりもとの気温データだと、マウンダー極小期に対応する17世紀の気温低下は、実際にはまだ黒点が多く観測されていた1630年代にピークを迎えているのである。それでは、より新しい研究では、過去にどのような気候変動があったと考えられているのだろうか。

4・3　太陽活動と気候は関係あるのか

過去の気候変動を調べる

世界的な気象の測定記録があるのは最近150年間程度で、それ以前の気候変動は、肉眼黒点やオーロラの記録から太陽活動がうかがえるように、寒暖そのものの記述や、生物季節といって、いつ桜が咲いた、いつうぐいすの声を初めて聴いた、燕（つばめ）を初めて見た、といった出来事の記録など、古文書に残された人間の手による記録もその手掛かりになる。

しかし、それでは分からないさらに古い時代については、木の年輪であったり、あるいは同じように年々成長していくサンゴの年輪であったり、また年々積もっていく極域の積雪や海・湖の堆積物であったり、というものから推定していくことになる。

年輪はその幅の変化が気温の変化を反映している。しかし、年輪はその木のあった場所での局地的な変動でしかない。また、やはり１万２０００年程度という限界がある。しかし、比較的最近の気候変動については、年輪はサンプルが大変多く、信頼できる指標である。

木の年輪では分からない古い時代の気候変動を調べるのによく使われるもののひとつが、酸素18という同位体である。通常酸素は質量数が16（陽子8個・中性子8個）だが、他にもいろいろ同位体があり、中性子を2個余計に持つ酸素18は酸素16に次いで量が多い（といっても０・２％程度であるが）。酸素18は炭素14などと違って放射性同位元素ではないので、地球ができた時から存在し続けている。

それにもかかわらず過去の温度を調べるために使えるのは、海水が蒸発する時に、酸素16を含む水分子の方が軽いため少しだけ蒸発しやすいということが関係している。このため、気候が寒冷になって、極地で氷床と呼ばれるような巨大な氷塊が発達する場合、氷床には軽い水分子が大量に集まり、逆に海には重い水分子が残ることになる。つまり、寒冷で氷床が発達するような時には海の酸素18が増え、温暖化すると減るということになる。温暖な気候から氷期に移ると、もとあった海水の最大３％程度が氷床へ行ってしまうといわれている。

氷床に大量の酸素16の集積ができるわけである。

海の生き物は酸素を取り込んで体を作るので、それが化石のように残れば、生き物が生きていた時の酸素18量をとどめていることになる。たとえばサンゴは成長につれて年輪を形成するので、年輪と酸素18量の対応から、数万年前まで気候をさかのぼることができる。

さらに、有孔虫の化石を使うと実に数千万年前までさかのぼることまでできる。有孔虫というのは海に住むほとんど1ミリメートル以下の大きさの原生生物だが、酸素原子を含む炭酸カルシウムでできた殻を持っており、その殻が海底に沈み、泥などと一緒に堆積して残る。海底には数千万年前から堆積が続いている場所もあり、そのようなところでボーリングして掘り出した堆積物の中の有孔虫の殻を調べ、堆積物の年代を決定できれば、数千万年前までの酸素18量の変動、すなわち気候変動を知ることができるわけである。

一方の氷床は、グリーンランドや南極で、積雪が数十万年分積もり積もって、3000メートルの厚さの氷になっている。この氷を掘り出すと、過去の気候など環境の情報を持った標本が得られることになる。このような氷は、ボーリングによって長い円筒の形で掘り出されるので、「アイスコア」と呼ばれる。

特にグリーンランドで得られたアイスコアによる研究は長く行われてきている。このアイス

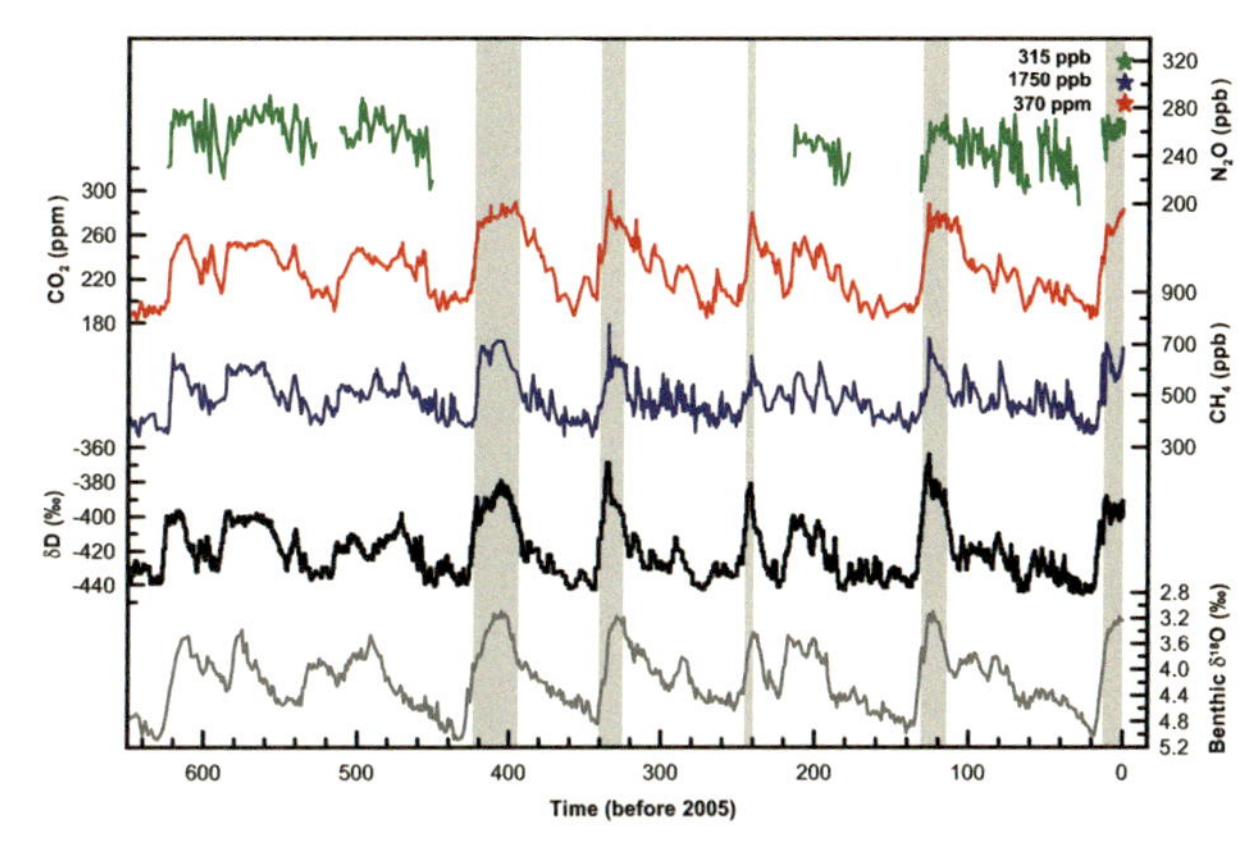

図４-８　海底堆積物・アイスコア解析から得られた過去65万年における気候変動と温室効果ガス量の変動。それぞれの線は、一酸化二窒素濃度（緑線）、二酸化炭素濃度（赤線）、メタン濃度（青線）、気温の指標となるアイスコア中の水素同位体比（黒線）と、海底堆積物中の酸素同位体比（灰線）に対応している。長期的な気候変動と、温室効果ガス量変動が対応していることが分かる。また、灰色で示されている期間は、温暖な間氷期を表している。（IPCC第４次評価報告書2007、詳細は195ページ）

コアの中の酸素18量を調べれば、気候変動が再現できる。寒冷な時に極地に降る雪からは、より酸素18が抜けてしまっているので、アイスコアの中で酸素16が多い部分は、寒冷な時の積雪によるものであると判断できる。

気温と酸素18量の関係は、有孔虫とアイスコアで逆になるが、それは問題ない。いずれにせよ酸素18量の変動は、ある程度以上長い時間スケールの変動であれば、広範囲にわたる気候変動による氷床の発達・衰退を表している。標本を採集した場所がたまたま暑かった、寒かったということにかかわらず、広範囲の気候変動を比較的よく反映しているわけである。

図4-8(193ページ)は、過去65万年間の、海底堆積物中の酸素18量と、アイスコア中の、同じく気温の指標として使われる重水素量の変動を示している。この変動が気候変動に対応している。アイスコアは雪だけでできているわけではなく、降雪時の空気を閉じ込めた気泡も含んでいる。この気泡を調べると、過去の大気の成分を知ることができる。これによって、最近人為的な排出が問題になっている二酸化炭素など温室効果ガスの量の、自然起源の増減も分かる。

図4-8にはその増減も示した。酸素18・重水素量から推定される気温の変化を比べると、確かに温室効果ガスが増えると気温が上がるという関係があることが分かる。

過去の太陽活動と気候の関係:最近2000年間

このように、過去の太陽活動と過去の気候変動の様子がより詳しく判明してくると、その関係をさらに詳細に比べることができる。

図4-9は、最近の研究まで含めた過去3000年間の、炭素14量及び同じく宇宙線の痕

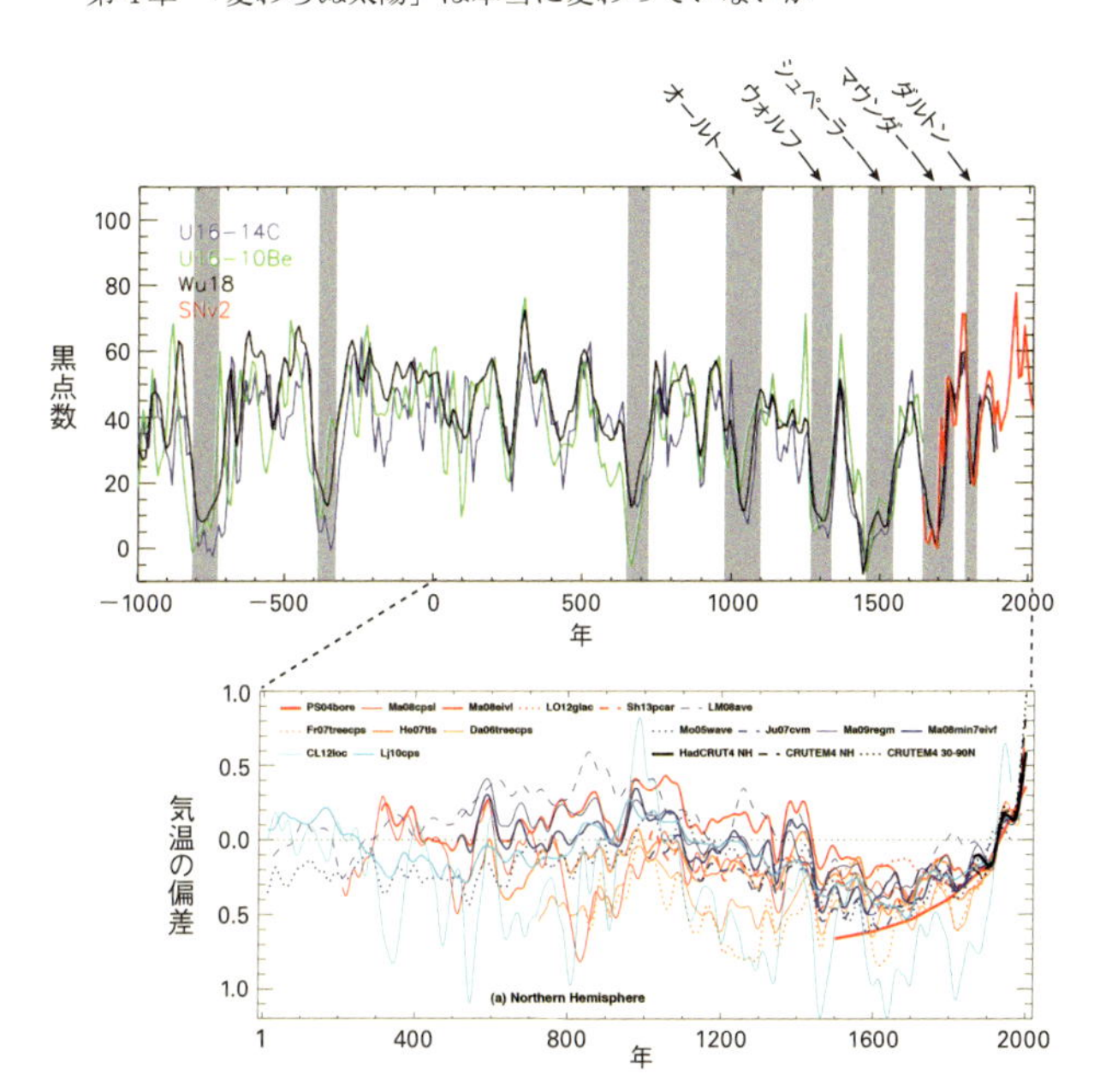

図４-９　銀河宇宙線の痕跡から推定した最近3000年間の太陽活動（17世紀以降は黒点データも書いてある）と、最近2000年間の北半球の気温の変化。(ESOの許諾によりWu, C.-J. 2018, et al. Astron. Astrophys. 620, A120 より転載した図に追記／IPCC第５次評価報告書2013、詳細は下に記載)

Figure 6.3 from Jansen, E., J. Overpeck, K.R. Briffa, J.-C. Duplessy, F. Joos, V. Masson-Delmotte, D. Olago, B. Otto-Bliesner, W.R. Peltier, S. Rahmstorf, R. Ramesh, D. Raynaud, D. Rind, O. Solomina, R. Villalba and D. Zhang, 2007: Paleoclimate. In *Climate Change 2007: The Physical Science Basis. Contribution of Working Group I to the Fourth Assessment Report of the Intergovernmental Panel on Climate Change* [Solomon, S., D. Qin, M. Manning, Z. Chen, M. Marquis, K.B. Averyt, M. Tignor and H.L. Miller (eds.)] Cambridge University Press, Cambridge, United Kingdom and New York, NY, USA

Figure 5.7 from Masson-Delmotte, V., M. Schulz, A. Abe-Ouchi, J. Beer, A. Ganopolski, J.F. González Rouco, E. Jansen, K. Lambeck, J. Luterbacher, T. Naish, T. Osborn, B. Otto-Bliesner, T. Quinn, R. Ramesh, M. Rojas, X. Shao and A. Timmermann, 2013: Information from Paleoclimate Archives. In: *Climate Change 2013: The Physical Science Basis. Contribution of Working Group I to the Fifth Assessment Report of the Intergovernmental Panel on Climate Change* [Stocker, T.F., D. Qin, G.-K. Plattner, M. Tignor, S.K. Allen, J. Boschung, A. Nauels, Y. Xia, V. Bex and P.M. Midgley (eds.)]. Cambridge University Press, Cambridge, United Kingdom and New York, NY, USA.

跡であるベリリウム10から推定した太陽活動と、年輪など様々な標本に基づいて推定された過去２０００年の気温の変化である。

太陽活動が落ち込んだ時期は、マウンダー極小期・シュペーラー極小期以外にもいくつもあり、灰色で示してある。11世紀のものは「オールト極小期」、13〜14世紀にかけては「ウォルフ極小期」、１８００年前後の落ち込みは「ダルトン極小期」と名前がつけられている。

一方、気温の変化は、推定方法によるばらつきが大きい。図４‐７（１８８ページ）で見えていたマウンダー極小期・シュペーラー極小期それぞれでの寒冷化もはっきりしない。図４‐７はロンドンとパリの気候データに基づいていたが、一部の地域だけ見ただけでは全球的な変化は必ずしも分からないということである。

それでも、マウンダー極小期・シュペーラー極小期を含む15世紀から19世紀の小氷期の気温低下は見えている。また、12世紀前後とされていた太陽活動の中世の極大期や気候の中世の温暖期というのは、それほどはっきりしない。

確かに、ウォルフ極小期以前の太陽活動の大きな落ち込みが少ない期間と重なって、９世紀から14世紀あたりの間は平均すると気温が高い。この時期は「中世温暖期」といわれてきたが、実際にはその間に、温度に限らず降水量など様々な面で大きな気候変動が見られることから、現在では、「中世気候異常期」と呼ばれる。

また、気温の変化の方で、19世紀以降現在に至る温暖化が顕著に見えている。一方、太陽活動が対応して上昇しているようには見えない。このように、数百年単位で見れば太陽活動と気温変動に相関があると考えられるものの、細かい一致まで見て取るのは難しい。

それでも、図４‐１（１６６ページ）で紹介した、フロスト・フェアに代表されるマウンダー極小期と寒冷期の一致は、気候変動と太陽活動の密接な関係を示す証拠だと思われるかもしれない。確かに、マウンダー極小期にはフロスト・フェアが頻繁に開催されたものの、その後18世紀後半からはフロスト・フェアは間遠になり、テムズ川に十分な厚さの氷が張らなくなってしまったため１８１４年が最後となった。このことは、マウンダー極小期後に気温が回復したことを強く印象づける。

しかし、フロスト・フェアがあった頃のテムズ川では、図４‐１の遠景に見えているロンドン橋が、その多数の橋脚によって川の流れを妨げていたのである。これが１８３１年の新橋完成後取り壊されて大幅に流れが改善され、気候とは関係なく凍結しにくくなっていた(Lookwood, M. et al. 2017, Astron. Geophys. 58, 2.17)。

ちょうどシュペーラー極小期・マウンダー極小期にロンドン・パリの冬が厳しかったとか

(図4-7〈188ページ〉。本当は40年ズレているが)、その後フロスト・フェアがなくなってしまったとか、印象的な逸話によって過度に太陽の影響を大きく(あるいは小さく)見てしまいがちなことには注意が必要である。

太陽と気候の関係を考えるには、地球全体の気候変動を見極める必要がある。小氷期の気温の低下とマウンダー極小期などでの太陽活動の低下とに関係があること自体まで疑う必要はないようだが、一方で、太陽活動の低下時期と気温の低下時期は大雑把に一致するに過ぎないし、小氷期の原因としては、火山活動など他の要因も考えなければならないとされている(Owens, M.J. et al. 2017, Space Weather Space Clim. 7, A33)。

過去の太陽活動と気候の関係：最近1万2000年間

今では炭素14量の変動のデータはさらに蓄積されていて、過去1万2000年程度の間の太陽活動の変動がわかっている。また、図4-9(195ページ)のところで触れたように、やはり銀河宇宙線によって生成される放射性ベリリウム10からも、過去の太陽活動のデータが得られている。

ベリリウム10は上空で銀河宇宙線によって酸素や窒素が破壊されることによって生成され

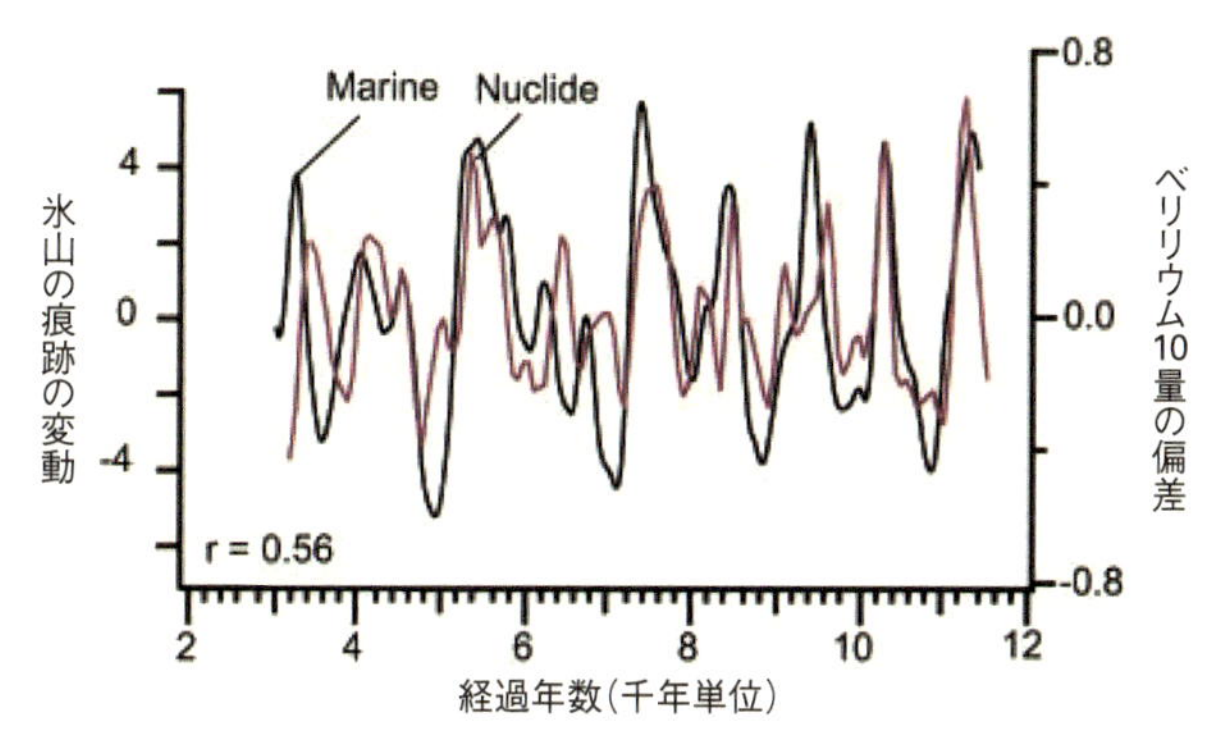

図4-10　2000年前から1万2000年前までの、気候変動を表すと考えられる海底堆積物中の氷山の痕跡物（岩屑）の量の変化（黒線）と、ベリリウム10量（赤線）の比較。左端が2000年前である。上にいくほど低温なので、気温の変化と、太陽活動を表すベリリウム10量が良い相関を示していることになる。（Bond, G. et al. 2001, Science, 294, 2130）

る。その後、雨や雪に含まれて地表に落ちてくるが、炭素14と違って生物には取り込まれないので年輪などには含まれず、通常は環境中に拡散していってしまう。

ただ、積もった雪が溶けずにどんどん積もっていくような環境、具体的には先に紹介した氷床では、降ってきたベリリウム10が下から順に蓄積されている。氷床から掘り出したアイスコアを利用して、ベリリウム10の量が氷の深さによってどう変わっているかを調べれば、やはりその生成量の変化、そして過去の太陽活動を知ることができるわけである。

図4‐10は、ベリリウム10から推定された最近1万2000年間の太陽活動と、

海底堆積物中の氷山の痕跡の量が表す気候変動を比較したものである。太陽活動には大極大期と呼ばれる特に活発だった時期、大極小期と呼ばれる活動低下時期が繰り返し訪れていた。気温も、大きな気温上昇時期、低下時期を繰り返しており、太陽活動の盛衰と気温の変化には対応が見られることが分かってきた。

すべての気温の変動が太陽が主たる原因とは限らないが、このくらい長い目で見ると太陽活動と気候変動には相関が見られ、因果関係があることをうかがわせる。

マウンダー極小期を含む時期に農業生産の停滞などが起こっていることは先に述べたが、このような気温低下期が伝染病の流行や戦争の引き金になっているという、気候変動が歴史に及ぼした影響も研究されている。

この日本ではほとんど縄文時代に当たる時期の気温低下については、その中で起こった土器の様式変化と気温低下を関係づける研究も行われている。さらに古いところでは、間氷期初期の気温低下が、人類が農耕を始める契機になったという議論もある。

環境の変化が生活にもたらした影響という意味でも興味が持たれるわけで、これも太陽活動が影響しているかもしれないということになる。このような、最近1万2000年程度にまでさかのぼって太陽活動と気候の関係が分かってきたのは、今世紀に入るかどうかというくらいの最近の話である。

ただ、これで過去１万２０００年の太陽活動が全部分かったわけではなく、まだデータの改良が進んでいる。炭素14量の測定から、20世紀の、特に後半は太陽活動が最近２０００年間で最大、もしかすると最近１万２０００年間でも最大級の活発さだったという結果が出されたことがあった。このことは、最近の地球温暖化と軌を一にする太陽活動の活発化が明らかになったということで、後で述べる地球温暖化と太陽活動の関係の議論の中で、大いに注目された。

その一方、同じ炭素14量からの推定で異なる結果が出たり、放射性ベリリウム10の測定に基づく銀河宇宙線の流入量の変動とも一致しなかったりと、信頼できる結果にはなっていない。

現在では、宇宙線の痕跡からの推定が、必ずしも20世紀の太陽活動が例外的に活発であったということを示しているとは考えられていない。

さらに昔の太陽活動変動、気候変動

それではさらに以前の、１万２０００年以上前の氷期に当たる更新世での太陽活動はどうだったのだろうか。宇宙線の痕跡をこの時代までさかのぼって調べるには、木の年輪を使うのでは標本が得にくく困難であるが、アイスコアであれば数十万年さかのぼることができる。特にベリリウム10は半減期が炭素14よりはるかに長く１００万年を超えるので、より長期の宇宙線量の変動を知ることができる。実際、数万年前までのベリリウム10量の変動が測定されているのだが、実はこれを太陽活動の変動に結びつけるのは難しい。

地球に到達する宇宙線は、太陽風によって大きく減じているからこそ太陽活動によってその減り方が左右されるわけだが、もうひとつ、地球自身の磁場によっても侵入を阻まれている。地球の磁場は急には変わらないが、長い目で見れば変動しているので、このくらいの時間の長さになると、地磁気の変動による宇宙線量の変化が見えてくる。最近１万２０００年以内でも数十％の地磁気変動があり、この変動を補正しなければ正しい太陽活動変動は求められないが、これは他の情報を合わせた較正により補正がなされている。

さらに数万年さかのぼると、例えば4万年ほど前には「ラシャンプ・エクスカーション」と呼ばれる地磁気が弱くなった時期があり、その頃にはベリリウム10量の大幅な上昇が見られる。エクスカーションというのは地磁気の磁極が大きくズレていくような変動のことで、さらに変動が大きくなって磁場の方向が逆になってしまう地磁気逆転も起きることがある。

一番最近の逆転は約77万年前で、この証拠となる地層が千葉県にあることから、それ以降の中期更新世を「チバニアン」と名づける提案がされていることで有名になった。

　このように、逆転を含め地磁気は常時変動しているので、時代をさかのぼると、宇宙線変動をこの地磁気によるものと太陽活動によるものとに正確に分けるのは困難になってくる。このため、長期的な宇宙線変動を見た場合、ただちに太陽活動に結びつけることはできない。

　一方、気候変動の方は１万２０００年よりはるか昔までさかのぼることができる。しかし、気候変動への太陽活動の影響を論ずるのも、あまり古くは困難である。地球の気候は、氷期から現在の間氷期という気温が平均で10℃程度も上昇するという温暖な時代へと変わった後、約１万１５００年前以降であればあまり激しい気候変動はないので、太陽活動の影響を議論することができる。

　ところがそれ以前は、例えば約１万２０００年前に氷期から間氷期へ移った時には、単純に気温が上がったというわけでなく、数千年にもわたって気温の上下の大変動を繰り返した後にようやく安定で温暖な気候になっている。

　さらにそれ以前の氷期においては、図４‐11（２０４ページ）にあるように、１５００〜３０００年程度の間隔で数℃も温度が変わるサイクルを始め、激しい気候変動が頻繁に起こっていたことが知られている。しかも、図４‐11はグリーンランドの気温変化であって、南半

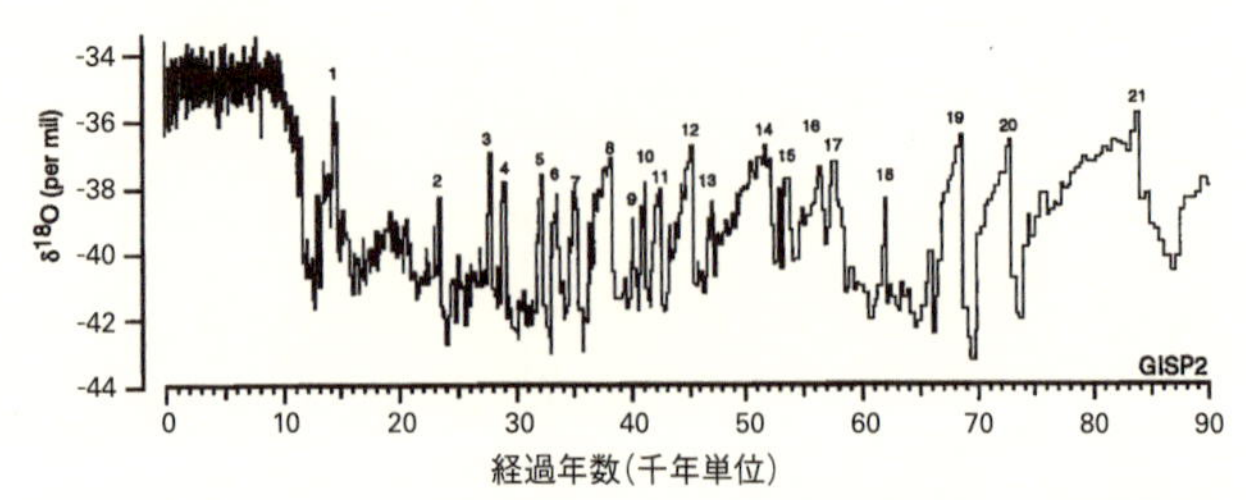

図4-11　グリーンランドのアイスコアに記録された、9万年間の酸素18量の変動。左端が現在である。約1万2000年前以降の間氷期では安定しているが、それ以前の氷期は変動が大きく、激しい気候変動を繰り返していたことが分かる。(Bond, G. C. et al. 1999, in Mechanisms of Global Climate Change at Millennial Time Scales, 35, AGU, Washington D. C.)

球はまた違った変化をしていることが分かっている。

このような気候の大変動は太陽の影響で起こっているわけではなく、地球の軌道や自転軸の傾きのゆっくりした変化が起こす氷期〜間氷期の気候変動に、氷期の氷床の発達・崩壊が重なって起きていることが知られている。

最近の太陽活動と気候の関係の話題では、地球気候は太陽活動に支配されているかのような議論も見受けられるが、氷期までさかのぼるようなより長い目で見ると、太陽活動は気候変動の要因として見ることすら難しく、それ以外の要因で気候が大きく変動してきたのを忘れてはならない。

先進的な研究における日本の貢献

このように、過去の太陽活動や気候変動の再現は進んできている。この分野では、実は我が国発のいろいろな研究の今後の貢献が期待される。

屋久島にある屋久杉は、杉としては異例の長さの、数千年という樹齢を持っている。かつて伐採された屋久杉の切り株や倒木の年輪を使うことで、数千年をさかのぼる炭素14変動のデータが得られる。年輪年代の基準としては欧米の木を使ったものが広く使われているが、屋久杉もそれに匹敵する古い試料を提供してくれる。これによって、第3章の図３‐19（１６１ページ）で示したような結果が得られている。

南極の基地では70万年以上前までさかのぼるアイスコアが得られ、研究が着々と進んでいる。南極の基地というと昭和基地が思い起こされるが、他にも日本の基地はあり、「ドームふじ」という基地は標高３８１０メートルという富士山頂より高いところにある。

この基地は地面の上に立っているわけではなく、およそ３０００メートル厚さがあるといわれる氷の上にある。このおよそ３０００メートルの氷は過去約１００万年にわたって氷が積もり続けてきたものなので、アイスコアをボーリングによって掘り出すことで、長く行われてきているグリーンランドのアイスコアによる研究と並び、南極の標本による宇宙線量の変動や気候変動などの情報が得られることが期待される。

また、福井県にある水月湖（すいげつこ）というところの湖底は、７万年にわたって安定的に堆積が進んでいるという奇跡のようなことが起こっている世界的にも貴重なところである。周囲に大きな川がなく水流が静かで、湖底が無酸素状態なので湖底を歩いたりする生き物もいない。しかも、通常湖は堆積により湖底が浅くなるのに、水月湖では地殻変動による沈降で深い水深が保たれていて、そこに毎年きれいに薄皮のような堆積物が積もり続けているのである。

湖底のボーリングで得られた試料には年縞（ねんこう）と呼ばれる縞模様があって年代を推定できるため、堆積物の生物試料から気候変動の情報が得られるとともに、これも放射性元素による調査が可能になる。放射性炭素では木の年輪よりはるかに古い時代の変動が分かるので、放射性炭素量から年代を決めるための世界的な標準となっている。

第5章

太陽活動の地球の気候への影響はどう議論されているのか

5・1 太陽の明るさは変わっている

地球温暖化の中で太陽が注目される

さて、第4章の説明で、太陽活動と気候変動にはどの程度関係があると思われたであろうか。現在、太陽活動が気候変動にどう影響するのかが特に関心を持たれているのは、地球温暖化の問題があるからだろう。

第4章の図4-9（195ページ）に示した通り、地球全体の平均気温は19世紀後半から上昇傾向にあり、最近になるほどより急激な上昇を示している。その最大の原因が、産業革命以降の近代文明での化石燃料の消費により放出されて大気中での濃度が上昇している、二酸化炭素による温室効果と考えられている。

このため、その対策について世界的に盛んに議論されているのだが、今後、もし太陽が活動低下して寒冷化に寄与するとなると、これまでの地球温暖化や、その対策の議論に多少なりとも影響を与える可能性が出てくることになる。

黒点がないという単純な事実が注目されるのには、このような背景がある。また、極端な意見としては、現在の温暖化自体に太陽活動が大きく影響しているという説を唱える人もいる。現在の地球の気候に太陽活動がどれだけ影響しているのかを正しく知ること、そして今後太陽活動がどうなっていくかを正しく予想し、それがどう気候に影響するかを知ることが重要である。

それではまず、太陽活動の変動がなぜ気候変動に影響するのだろうか。過去の太陽活動と気候の情報から、「変わらぬ」はずだった太陽も実際には黒点の増減につれて地球の気候に影響を与えるほど変化しているかもしれないということが分かったわけだが、それでは具体的に、太陽の何が変わることが気候にどう影響を与える可能性があるというのだろうか？

太陽の明るさは一定ではない

そのような変化の中でまず挙げなければならないのは、太陽の明るさの変化である。太陽から来るエネルギーの量を表す数値は「太陽定数」（大気圏外で１平方メートルに約１３６６ワットのエネルギーが来る）といわれるくらいで、「変わらぬ太陽」の象徴のようなものである。太陽の明るさそのものが変化していたら大変ではないかと思われるかもしれないが、あまり大変ではない程度には変化しているのである。

太陽の明るさの変化をとらえるのは困難な測定だが、図５-１のように、人工衛星による精密測定が、最近の40年ほどの間行われてきた。人工衛星には寿命があるので、いくつもの人工衛星がリレーのように次々に観測を行ってきている。その観測をつなぎ合わせることで、図５-１のように、太陽活動の極小と極大で約０・１％の明るさの変動があることが分かってきた。

約０・１％というのは明るさを均した時の数字で、図５-１を見ると短期的にはもっと大きく変化していることが分かる。太陽活動が活発な時は黒点が現れるわけで、黒点が太陽の一部を覆えばその分太陽の明るさは減る。一方、黒点の周辺などでは、白斑と呼ばれるところなどかえって明るくなっている部分がある。

図５-２（２１２ページ）は、黒点によって明るさが落ち込んで見えた場合、黒点もあるが白斑による明るさの上昇が上回った場合のそれぞれの例を示している。それぞれ最大０・６％の減少と０・２％の上昇が、黒点などが現れている期間中に見えている。第３章で紹介した、大フレアで０・０２７％明るさが変わったという例を見ると、太陽におけるフレア起因の明るさの変化がいかに小さいか分かる。

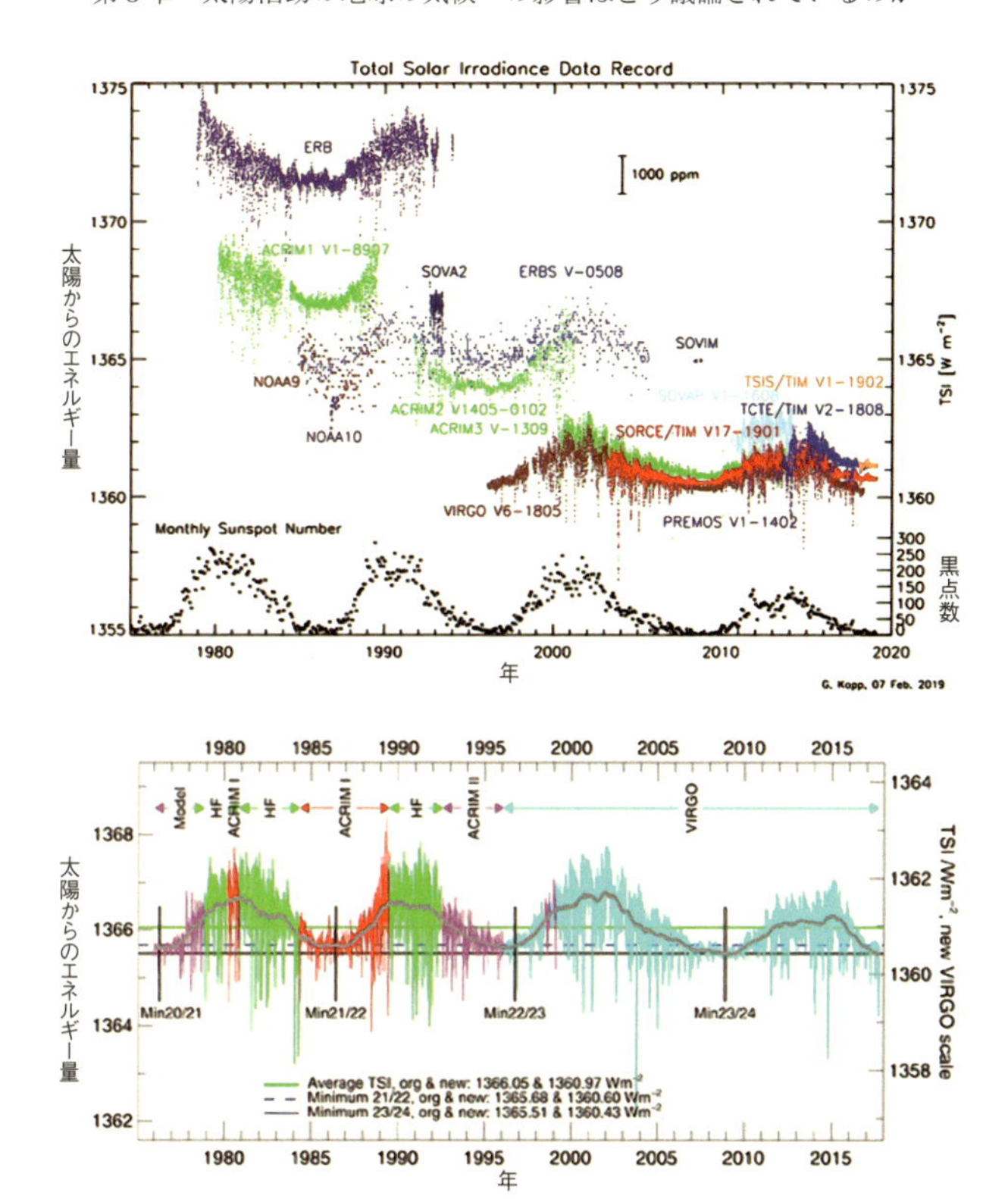

図５-１　太陽の明るさの変動。上は、様々な衛星の観測装置で測定された太陽の明るさ。値が上下にズレているのは、装置固有の誤差があるため。下は、測定結果がつながるようにその誤差を補正したもの。約40年にわたる太陽の明るさの変動を示していて、2008～2009年と2018年は、それ以前の極小よりわずかに太陽が暗くなっている。（Kopp, G. 2019, PMOD/WRC）

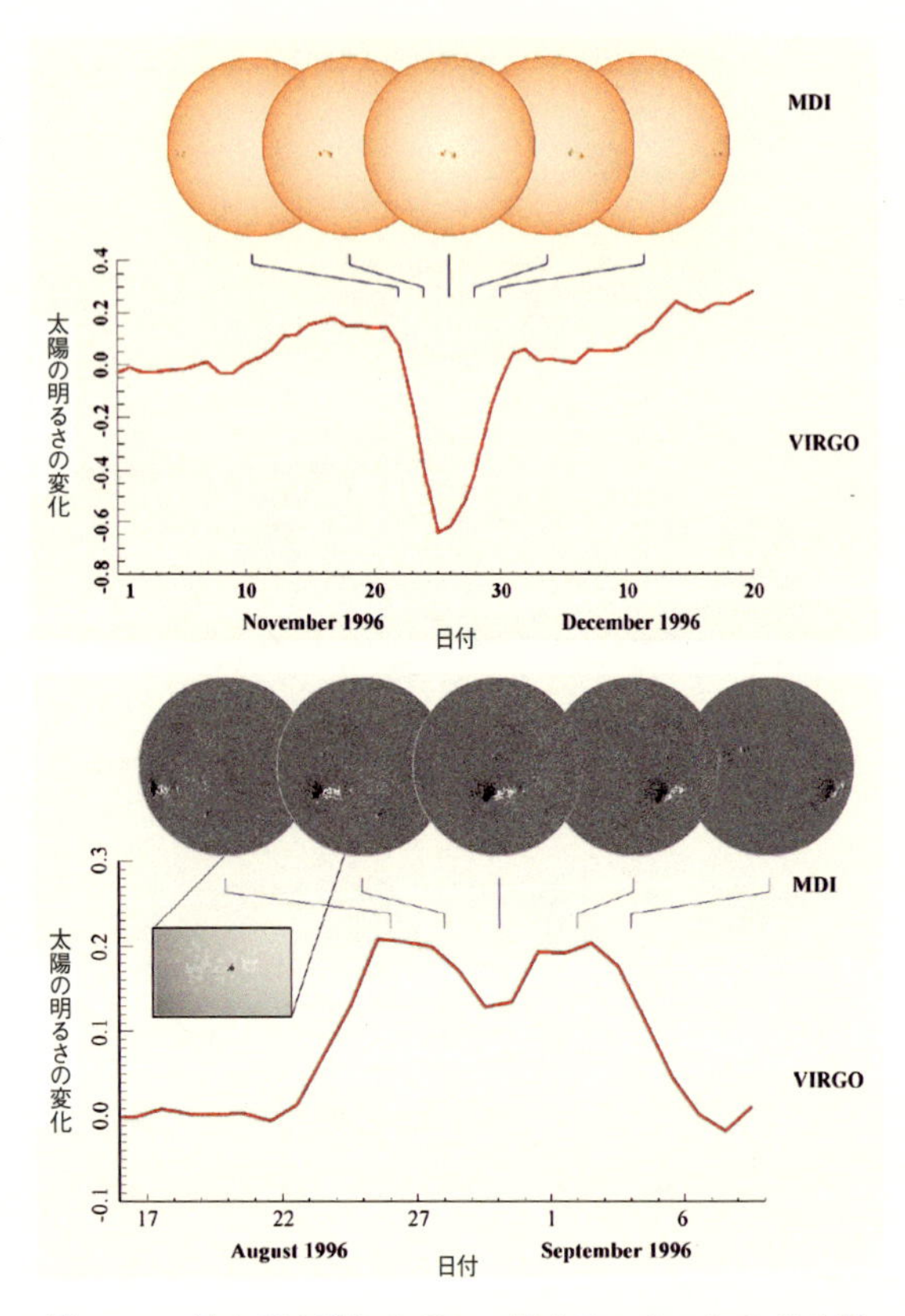

図5-2　黒点が出現した時の、黒点そのものによる太陽の明るさの減少（上）と、白斑と呼ばれる黒点周辺の明るい部分による明るさの増加（下）を示している。相対的に黒点が大きいと明るさが減少するが、黒点周囲の白斑の寄与が大きければ明るさは増す。(Solanki, S. K. & Fligge, K./Max-Planck-Institut für Sonnensystemforschung)

図５‐１（２１１ページ）で頻繁に太陽の明るさが落ち込むのが見えているのは、このような黒点の出現によるものである。太陽活動が活発だと全体としては明るくなる成分の方が大きく、均すと太陽活動が活発な時の方がかえって太陽は明るいのである。太陽の磁気活動が、太陽の最も「変わらぬ」と思われていたところにも影響しているわけである。

マウンダー極小期の太陽の明るさは

ただ、明るさが変わるといっても、極小の時に比べて極大の方がたった０・１％明るい程度である。太陽活動極小期は太陽が暗いというと、なるほどそれがマウンダー極小期に寒かった原因かと思われるかもしれないが、この程度の差では直ちに気温の低下を説明するのは難しい。しかし、通常の11年周期での変動が約０・１％であっても、より大規模な太陽活動変動であれば明るさの変動も大きく、マウンダー極小期にはもっと太陽は暗くなっていた可能性はないのかと考えるのも自然である。

実際、人工衛星による太陽の明るさの測定結果をよく見ると、太陽活動の極小期の明るさは、１９７０年代から１９９０年代までの極小ではほとんど変化がなかったのだが、１００年ぶりの活動の低さとなった２００８～２００９年の極小において、またその次の極小に向かいつつある2018年において、図5-1（211ページ）にあるように、普段の極小よりもさらに0・025％ほど暗くなっていることが分かる。

それでは、さらに活動が低下したマウンダー極小期の太陽の明るさはどうだったのだろうか。もちろん、その時の測定はないので、太陽の磁場活動と太陽の明るさの関係のモデルから推定したり、太陽以外の恒星の明るさの測定結果をもとに推定したりすることになる。

図5-3のように、マウンダー極小期の数十年間にわたって0・2％程度暗かったという推定が、少し前まで有力視されていた。11年周期で暗い極小と明るい極大が繰り返すのではなく、通常よりずっと暗い状態が長く続くことで、気候に影響を与える結果になったという可能性も考えられてきた。

ところがさらに最近、ここ10年ほどの新しいモデル計算などをもとにした研究では、マウンダー極小期は暗いといってもその程度は0・2％よりはずっと小さく、太陽の明るさの変化自体が気候に影響したとは考えにくいという考え方の方が有力になっている。

とはいえ、後述する銀河宇宙線の増減と太陽の明るさの変化の最近の関係をマウンダー極小期の銀河宇宙線量の痕跡に適用すると、約0・5％も暗かったはずであるという推定も改めて出されており、次々に新たな研究結果が出されていて、まだまだ今後の研究の発展を待

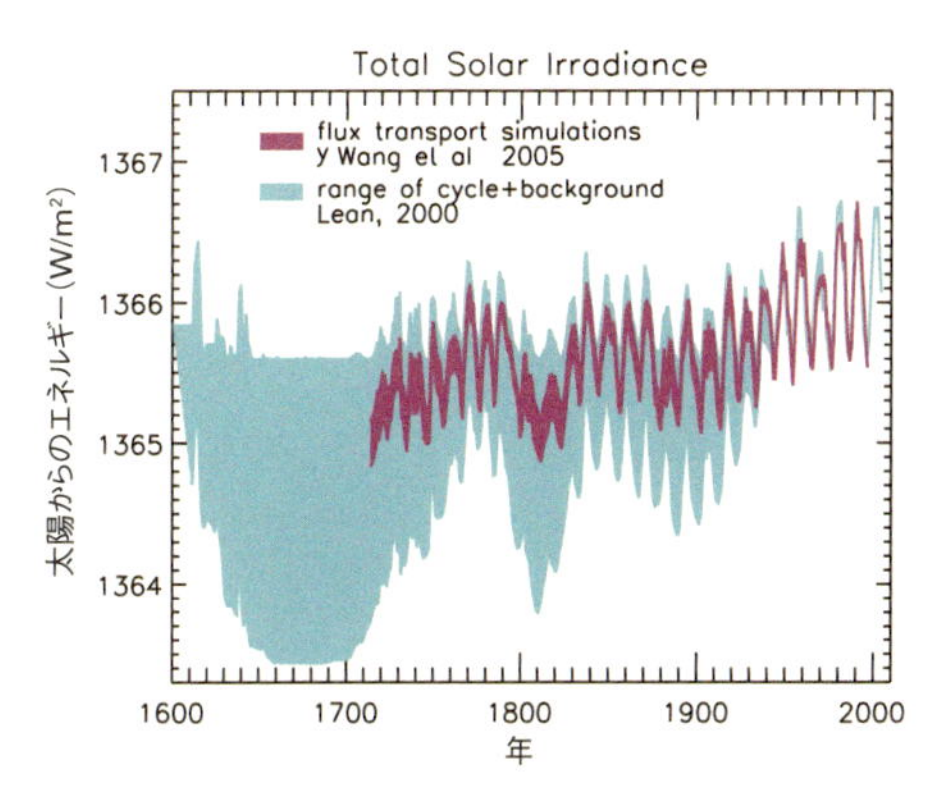

図５-３　マウンダー極小期を含む400年間の太陽の明るさの変動の推定の例。影の部分の下の端が、恒星の研究に基づく推定値で、マウンダー極小期には約0.2%太陽が暗かったという推定である。（IPCC第４次評価報告書2007、詳細は231ページ）

たなくてはならない。

ただ、いずれにしても、最も基本的な太陽の恵みである光のエネルギーの変動はわずかで、それが直接気候変動を起こすことは疑問視されており、そういう意味では「変わらぬ太陽」の根幹はやはり変わっていなさそうであるということになる。それでもなお気候の変動に太陽が影響しているとすれば、何か他の、エネルギー的には小さな変動が何らかの間接的な形で気候に影響しているということになる。

太陽は太古、今よりも暗かった

余談だが、ここまで触れてきたように、人類が直接見てきた範囲ではその変化が容易に測定できないほど、太陽は「変わらぬ」存在だった。

だが、これが46億年の太陽の半生といった時間スケールになると、実は太陽の明るさはかなり変化してきたと考えられている。現在の恒星進化の研究では、図5-4のように40億年ほど前の初期の太陽は、現在より約3割暗かったとされている。

昔の太陽の明るさが本当に分かるのか? と思われるかもしれないが、夜空の星の中には、実際に昔の太陽の姿に相当すると思われる星がある。くじら座 κ[1] というのがその例である(くじら座 κ という星が、実は二重星であることが分かり、その一方ということで「1」という添え字がついている)。

30光年ほどの距離にある5等星で、太陽とほぼ同じか少々大きい質量の星だが、年齢は6億年程度と推定されていて太陽よりずっと若く、明るさは太陽の約85%である(Ribas, I. et al. 2010, Astrophys. J. 714, 384)。この星は、第3章で紹介した最初にスーパーフレアが見つかった星のひとつで、年齢が若く高速で回転していて大きなフレアを起こすという星の典型である。

今より約3割暗かったとなると、太陽が若かった頃は地球の気候も現在よりはるかに寒冷で、図5-4のように水はすべて凍っていたはずである。

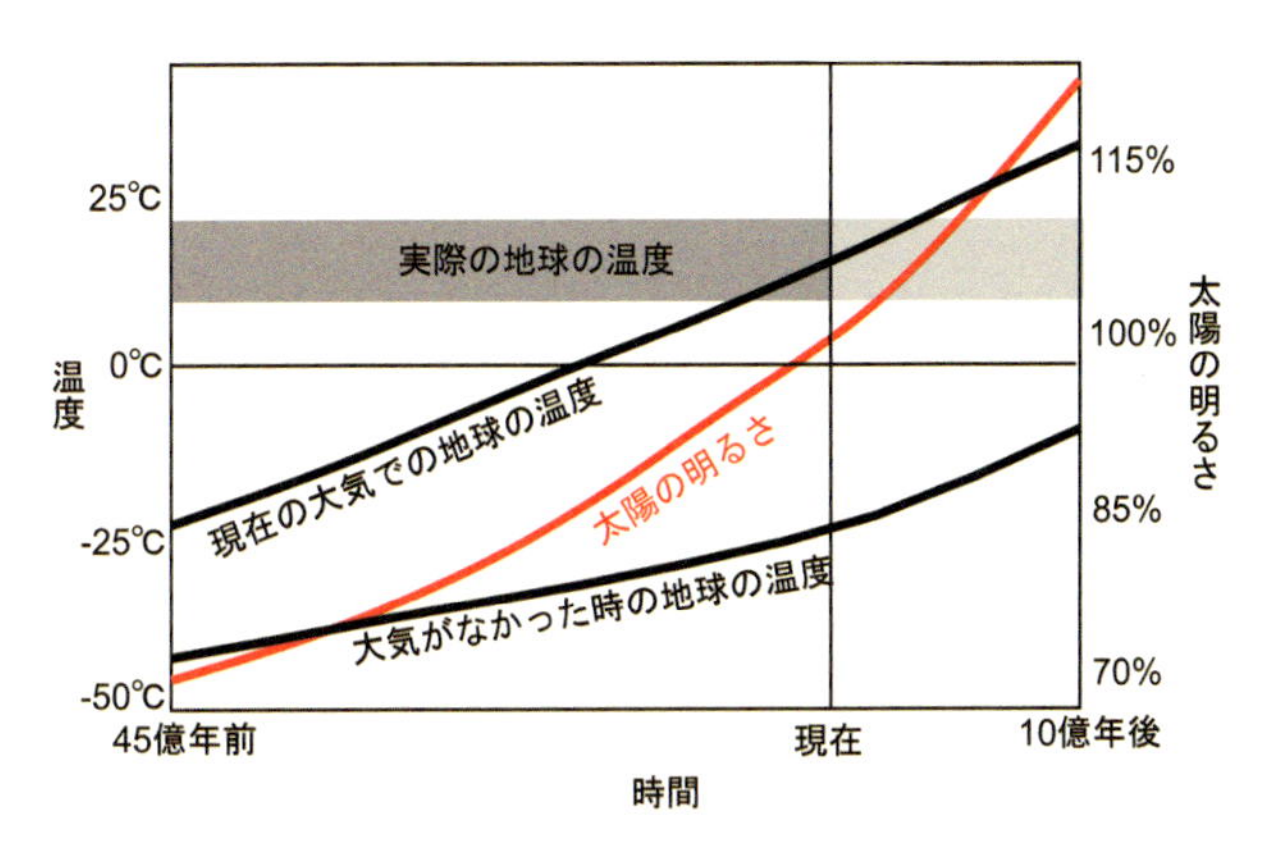

図５-４　恒星進化論に基づく太陽の明るさの変化、温室効果ガス組成から推定した地球の表面温度、及び大気がなかった時の地球の温度の、45億年前（地球誕生の頃）から10億年後までの変化。太陽の明るさは増しており、それにつれて表面温度の推定値が上昇している。現在の温度を前提にすると過去の地球は凍結していたことになるが、実際には過去も0℃以上であったと考えられる。（Sagan, C. & Mullen, G. 1972, Science, 177, 52をもとに作図）

ところが、35億年前には海の中で生命が誕生したと考えられている。ということは、太陽からのエネルギーが少なかったにもかかわらず、液体の水が存在していたことになる。

これは「暗い若い太陽のパラドックス」と呼ばれる謎で、１９７２年にアメリカの天文学者カール・セイガンとジョージ・マレンによって提唱された。

暗い太陽のもとでも地球が温暖だった原因は、多量の温室効果ガスの存在や、地熱の影響、さらには昔太陽は現在よりも重かったために暗くはなかった（恒星は質量が大きいほど明るく輝く）などの可能性が議論されているが、定説はまだない。

なお、火星は現在低温で液体の水が存在できるような環境ではないが、太古には多量の液体の水が存在していた形跡がある。地球も火星も、昔は表面の温度を上げるような共通のしくみが働いていたのかもしれないといわれている。

5・2　太陽活動の変動は磁場の変動

太陽活動で磁場が大きく変化する

太陽活動と気候との相関が議論されるということは、すなわち黒点の増減と気候との関係を議論することに他ならない。黒点が増減するということは、太陽表面に現れる磁場の量が変わるということでもある。

黒点というのは太陽表面に現れた磁場の一部の姿に過ぎず、黒点がない時でも太陽表面には磁場が現れているので、太陽の磁場活動を表すには本来は太陽表面の磁場の総量の方が適

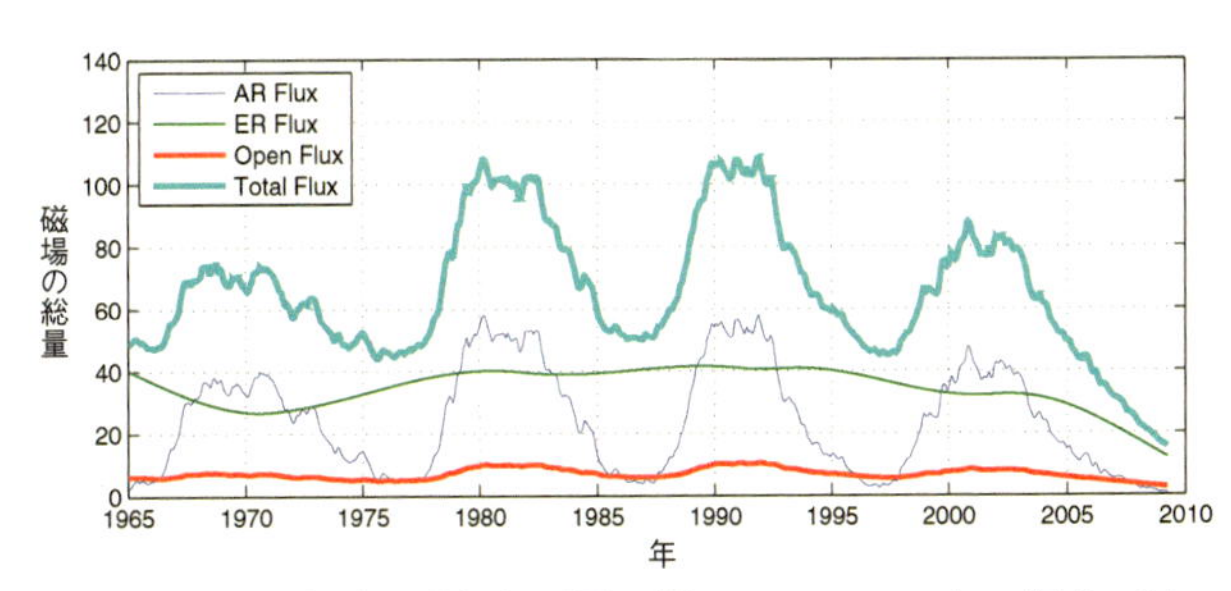

図5-5　太陽表面に現れた磁場の量。2008〜2009年の極小では、それまでの極小よりも大きく落ち込んでいるのが分かる。（ESOの許諾によりVieira, L.E.A. & Solanki, S.K. 2010, Astron. Astrophys. 509, A100より転載）

切である。ただし磁場の総量が分かる観測はそれほど過去までさかのぼれず、ここ半世紀ほどのみになる。観測に基づいたモデル計算の結果を示したのが図5-5である。

太陽活動にともなって極小〜極大で磁場総量（太い青線）は2倍ほども変化しており、極大の磁場総量はばらつくものの、極小期における磁場総量は、1965年（実際の極小は1964年）、1976年、1986年、1996年の4回の極小においてあまり変化がなかった。

ところが、2008〜2009年にはそれまでの極小の半分程度に減ってしまっていることが分かる。黒点数で2008〜2009年と他の極小の差を見ても、第2章の図2-11（91ページ）のように、ただでさえ少ない極小期の黒点数の小さな差としか見えなかったが、磁場総量ではより明確に２００８〜２００９年の極小における太陽活動の低下が見えている。

それなら、さらに黒点が減ったマウンダー極小期には、直接の測定はないものの、もっと磁場総量が減っていたとも考えられる。ただし、いくら大きく変化するとはいえ、太陽表面の磁場が直接地球の気候に影響するメカニズムがあるとは考えられていない。もっと別の変化が長期的に起こることによって、地球に影響が及んでいるのではないかと考えられている。

大きく明るさが変わる紫外線・X線で見た太陽

太陽全体の明るさの変化は、例えば11年周期にともなう分がおよそ０・１％であるという話だったが、これは太陽が放っている電磁波全部を合わせた時の値で、どの波長でも０・１％ということではない。黒点周辺の磁場が強いところは、コロナがX線や紫外線、そして電波で明るく輝いている。

第１章で、もしX線が見える眼を持っていれば、大フレアの時には太陽が１０００倍にも明るく輝く様子が見えるはずであると紹介したが、フレアが起こっていない普段の状態でも、活動領域と呼ばれる磁場が強いところはX線などで明るく見える（第１章の図１‐10〈45ペー

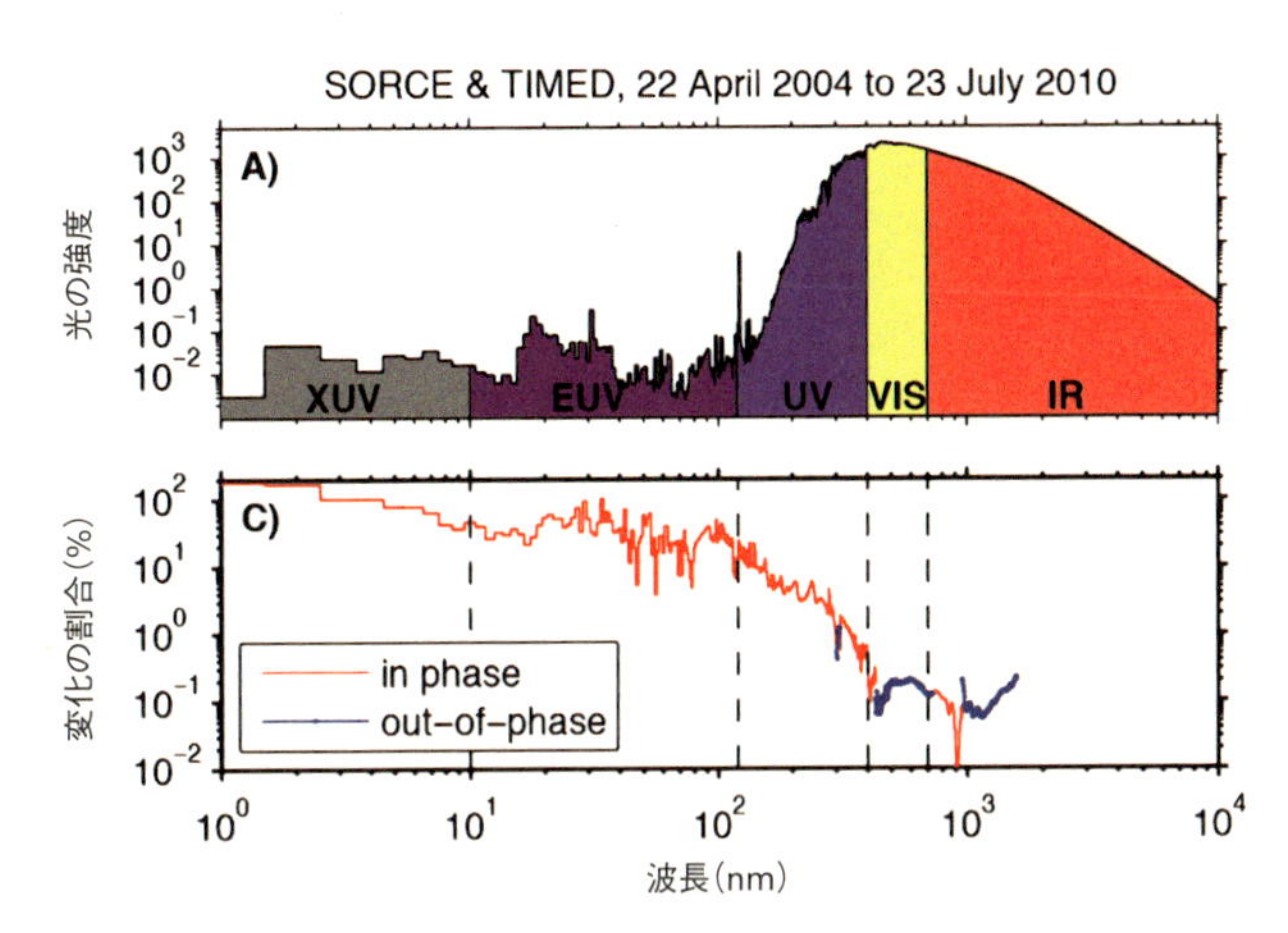

図５-６　太陽のスペクトル（上）と、太陽活動の極大と極小の時の明るさの波長による違い（下）。紫外線（XUV・EUV・UV）では、波長が短くなるほど変動幅が大きくなり、極大と極小で最大100%を超える変化がある。（Creative Commons licenseに基づきErmolli, I. et al. 2013, Atmos. Chem. Phys. 13, 3945の図1A・Cを転載）

ジ〉を参照）。

磁場が大きく変動すれば、それにつれて、これらの明るさも大きく変わる。図５-６は、太陽活動にともなう明るさの変化の割合を波長ごとに示したものである。太陽活動の極大と極小で紫外線は最大で２倍以上変わっており、Ｘ線ではさらに大きく変わる。

太陽が放つエネルギーの大半を担うのは可視光であり、可視光の強さが黒点や白斑の影響で０・１％程度変化すれば、太陽全体としても０・１％程度変化する。逆に、いくら紫外線やＸ線が大きく変化しても、太陽のエネルギー全体から見ればまったく取るに足らない量に過ぎない。

ただ、すでに説明したように、紫外線もX線も上層大気に吸収される、つまり、大気上層の分子にエネルギーを与えている。これら短波長の電磁波は光子1個あたりのエネルギーが大きく、様々な化学変化を発生させる。

ちなみに、成層圏オゾンは生物には有害な紫外線を吸収してくれるありがたい存在である。だからこそ、フロンガスによりオゾンが破壊されてオゾンホールができ、有害な紫外線が降り注ぐことになるのが懸念されて、フロンガスの使用を規制することにもなった。もともとオゾンが生成されるのも太陽の紫外線によるものなので、太陽活動周期によってオゾン量は多少の変動があり、太陽極大期の方が成層圏オゾンは多い。

もし、このような大気上層の化学変化に関係する物質に温室効果があると、太陽活動による物質の増減が気候に影響する可能性がある。実際、二酸化炭素以外にもフロンガスのほか窒素酸化物などの人間が放出した物質も、温室効果ガスとなる。

これらは、下層大気である対流圏と上層の成層圏で温室効果が異なる。さらにこれらは二酸化炭素と異なり、太陽の紫外線で壊される。壊されて温室効果がなくなるかというと必ずしもそうではなく、かえって温室効果の大きな対流圏オゾンを形成する原因になることもある。

このように、上層大気での化学反応は太陽活動によって複雑に影響され、最終的に我々を取り巻く環境にどう影響しているのか、果たして気候の変化に影響があるのかどうか、解明するのはなかなか困難である。しかし、現在急速に研究が発展している分野でもある。

銀河宇宙線の量の太陽活動による変化

可視光にせよ、Ｘ線・紫外線にせよ、太陽が電磁波という形でエネルギーを放出しているものである。一方、太陽は太陽風も放出していて、この放出も太陽活動によって大きく変わることも述べた。太陽風が直接気候変動の原因になるとは考えられてはいないが、他方、太陽風によってその地球への流入量が変わる宇宙線は、気候に影響を及ぼしているという説もある。

銀河宇宙線は、マウンダー極小期など太陽活動が大きく低下した時には長期にわたって通常より多い流入が続く。太陽活動の大きな変化が分かるくらい、銀河宇宙線の流入量は太陽活動によって変化する。炭素14で分かる過去の宇宙線とは別に、今降ってきている宇宙線量の継続的な測定というのも１９５０年代から行われており、それを太陽活動と比較したのが図５－７（２２４ページ）である。

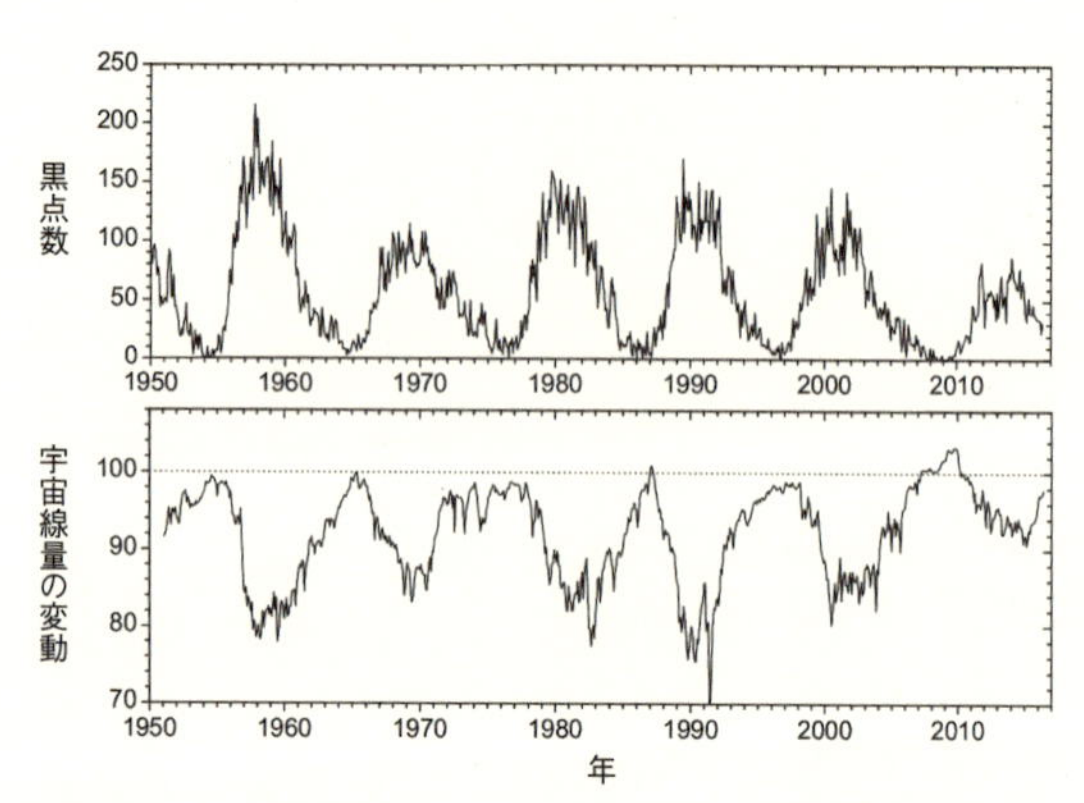

図5-7　太陽活動（上：SILSOによる太陽黒点数）と銀河宇宙線（下：Oulu及びClimaxの中性子モニターによる観測結果）の変動の比較。銀河宇宙線は太陽活動とは逆のふるまいをしている。また、2008〜2009年の太陽極小期には、それまでの極小を上回る宇宙線の流入があったことが分かる。（Creative Commons licenseに基づきUsoskin, I. G. Living Rev. Sol. Phys. 14, 3, 2017, doi: 10.1007/s41116-017-0006-9の図4を転載）

太陽極小期に宇宙線量が上昇するのが明瞭に見えている。上が尖った上昇と、頂上が平らな上昇が交互に起こっていて、2サイクル分22年で1周期の変化のように見えるが、これは第2章で見たように太陽の磁気活動がN極・S極の極性まで考えると22年周期であるのに対応している。太陽系全体の磁場極性が反転すると、荷電粒子である銀河宇宙線の、太陽系への侵入の仕方も異なってくるからである。図5-7は、プラスの電荷を持った粒子（ほとんど陽子）が示す増減のパターンである。

この図を見ると、今まであまり変わらなかった極小時の宇宙線量が、2008〜2009年の極小期には従来の極小期より数%増大していることが分かる。この時期には宇宙線の侵入を防ぐ太陽磁場の流出がいつになく弱まっていたことを示していて、通常の極小よりも太陽活動が低下することが銀河宇宙線の流入量にも影響することを表している。

銀河宇宙線は気候を変えるか

銀河宇宙線の流入量が太陽活動によって変わるといっても、その全体のエネルギーは取るに足らないものである。しかし、個々の銀河宇宙線は、大気中の原子にぶつかって壊してしまうこともあるくらいもともとのエネルギーが高い。そのエネルギーで、電離層よりはるかに下の、雲ができる高さの大気の原子から電子をたたき出し、電離させる効果もある。

銀河宇宙線の増加で大気中に電離した原子が増えると、それが水蒸気が凝結する核の形成の誘因となって雲ができやすくなるという説が、デンマークの地球物理学者ナイジェル・マーシュとヘンリック・スヴェンスマークによって唱えられている。雲ができやすくなると日光の地面への到達が減り、それだけ太陽光が地球を暖める効果が減ずることになる。

これは、図5-8（226ページ）のように1980年代以降の20数年間の宇宙線量と雲

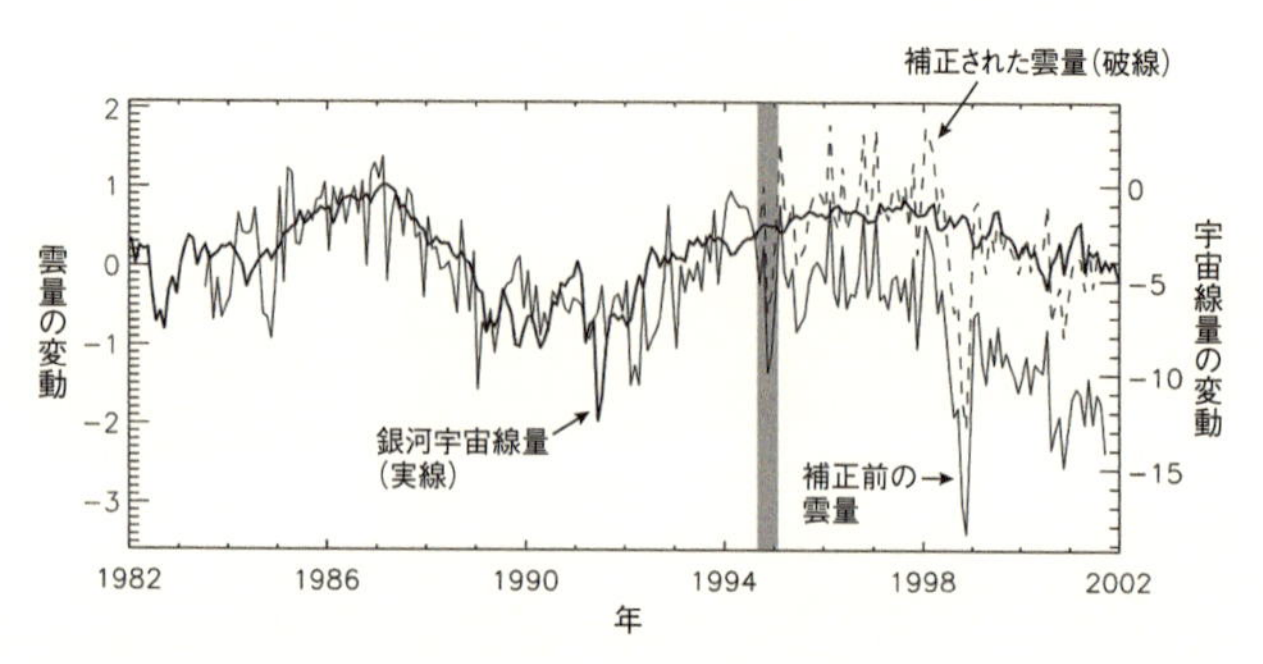

図5-8　銀河宇宙線（実線）と雲の量（破線）の、20年間の変動の比較。1994年以降の雲の量の測定結果を補正しないと合わない。（Marsh, N. & Svensmark, H. 2003, JGR, 108, D6, 4195に追記）

の量の変動が一致しているというのを重要な根拠のひとつとしている。確かに見事な一致なのだが、図5-8にあるように、元の雲の量のデータのままでは一致ははっきりせず、補正をすることでようやく一致が分かるものである。

この主張については、この補正が適切なのか、その頃起こった大規模火山噴火の影響が適切に考慮されているのかといった問題点も指摘されている。これは太陽活動が銀河宇宙線を通じて気候変動に影響するメカニズムの一説であるが、広く支持されているとまではいえない。

現在のところ、太陽活動の変動と過去の気候変動には相関が見られることは広く受け入れられているが、そのしくみはまだまだ研究途上にある。太陽活動にともなう変化がすぐに気候に反映されるわけではなく、おそらくは風が吹けば桶屋が儲かる的な複雑なプロセスを経て気候へとつながっていると考えられており、今は様々な要因を入れた計算機シミュレーションが急速に発展している。

5・3　正しい太陽活動変動を理解する

地球起源の気候変動

このように、現在では太陽活動の気候への影響は、程度はともかく影響があること自体にはあまり反対はない状況といえる。「変わらぬ」はずだった太陽にも、やはり地球は翻弄されている。ただ、どのように、またどの程度影響するかは不明な点が多い。

しかし、それ以前に、気候変動の要因は太陽以外に、より影響の大きいものが多くあることにも注意する必要がある。例えばエアロゾルという、大気汚染を起こす微粒子である。エアロゾルは太陽光の地表への到達を妨げ、気温の低下を引き起こす。

例えば、自然の巨大なエアロゾル源である火山の大きな噴火が起こると、たちまち気温の低下が起こる。最近でもメキシコのエルチチョン山が１９８２年に、フィリピンのピナトゥボ山が１９９１年に噴火した時には、それぞれ一時的な気温低下が起こっている。

約６５００万年前に恐竜が絶滅するきっかけを作ったのは隕石であるといわれているが、これも隕石落下にともなって大量の塵が大気中に巻き上げられて太陽光を遮蔽し、気温低下を起こしたことが絶滅の主要因となったと考えられている。

ただ、もちろん最近は気候変動を起こすような隕石落下はなかったし、また地球温暖化の傾向が見えてくる19世紀以降の火山噴火は、それぞれ一時的に気温低下をもたらすにしても、長期に影響するものではなかった。

人為的なエアロゾルの増加もある。19世紀以降の人間による化石燃料消費は、二酸化炭素の増加による温室効果で温暖化の原因になっているといわれている。一方、同じ化石燃料消費などが原因となって、エアロゾルも増加しているのである。人間活動による二酸化炭素とエアロゾルの増加は継続的でかつ増加の勢いを増しているが、二酸化炭素による影響の方が上回っており、結果として温暖化につながっていると考えられている。

このように様々な気候変動の要因がある中で、温暖化が話題になっている最近の気候変動の要因としては太陽の影響は実際のところどのように考えられているのか。

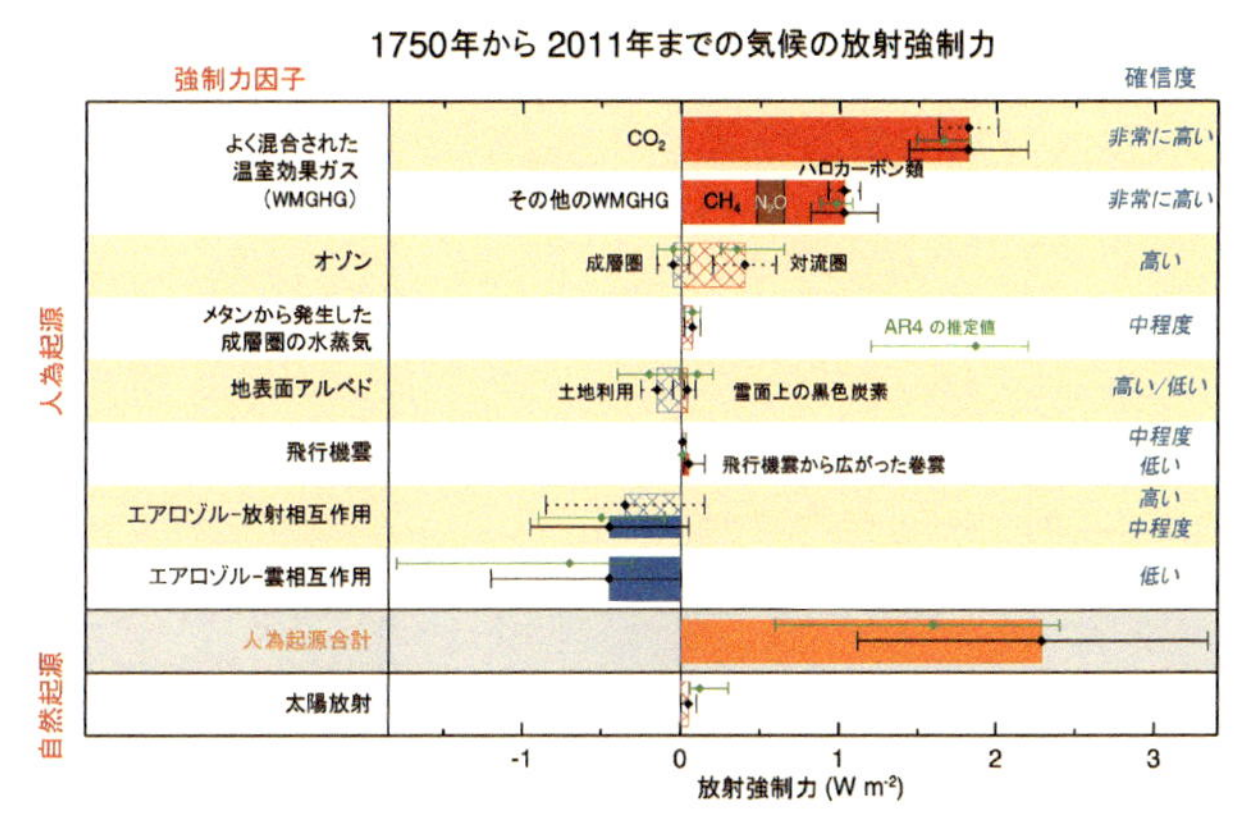

図５-９　IPCCがまとめた、1750年以降の気候変動の要因それぞれの寄与の大きさ。人為起源の諸要因の温暖化や寒冷化への影響の大きさと、自然起源である太陽の影響の大きさの比較を示している。一番下の２段が人為的要因全体と太陽の影響を表していて、温室効果ガスなど人為的要因に比べると、太陽の影響は小さいと考えられている。(IPCC第５次評価報告書2013、詳細は231ページ)

例えば、地球温暖化に関して分析し報告を出している「気候変動に関する政府間パネル（IPCC）」の見解では、図５-９に示すように、１７５０年以降に限れば、太陽よりも人為的影響がはるかに大きいとされている。

もちろん、第４章で見たように、長い目で見れば、太陽活動と気候変動には相関が見られる。しかし温暖化が問題になっている、「工業化時代」である最近に限れば、人為的原因である温室効果ガスやエアロゾルが、地球の気候変動に影響を与えた主たる要因と考えられている。

短期的に見れば、太陽の気候に対す

る影響は相対的に小さそうだとしても、太陽活動変動が気候変動に影響する要因のひとつであることには変わりはない。では、それがどのようなしくみで影響するのか、まだ不明な点が多いが、我々太陽の研究者としてすべきことは、太陽活動の変動を明らかにすることである。過去の太陽活動の変動の正確な再現、現在の太陽活動の状況をもとにした未来の太陽活動の解明といった研究が、地球への影響の研究に正しい材料を提供することになる。

黒点数と気温を比べてみると

実際、太陽活動のより正しい把握が、太陽活動と気候の関係の議論の前提を変えている例がある。地球の気温の温暖化傾向は19世紀後半以降はっきりしてくるが、それは小氷期が終わった時期からそれほど経っていない頃である。そこで、小氷期の終了後の気温の回復傾向が現在まで続いていて、それが温暖化として見えるという考え方も唱えられている。

その傍証とされたのが、マウンダー極小期以後の黒点数の変動で、特に、以前使われていた黒点群数のデータで見るとマウンダー極小期の後は全体として増加が続いているように見えるということであった。

実際、図5‐10のように、継続的な観測データが得られる1750年あたり以降から20

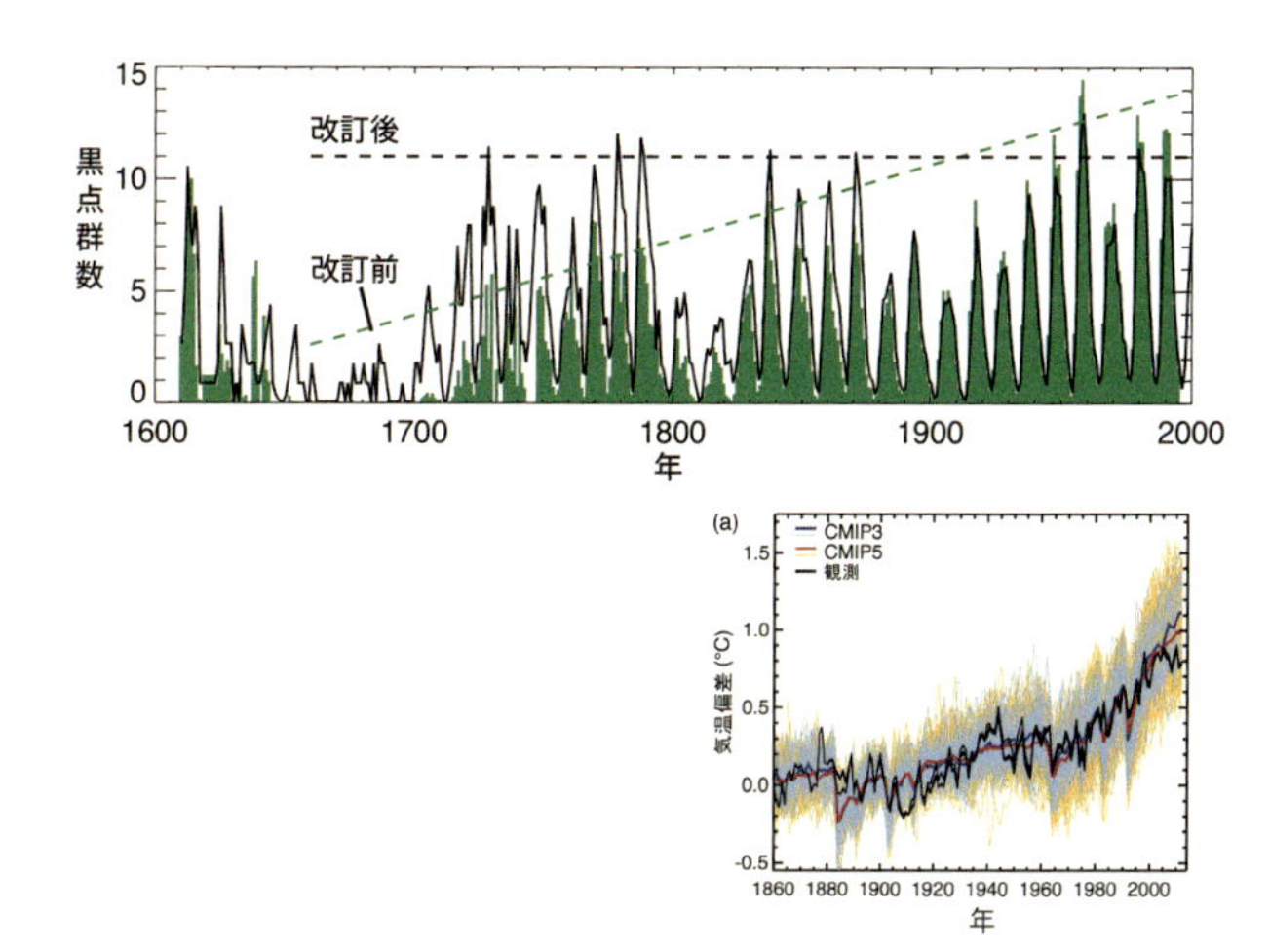

図５-10　上は、黒点群数の改訂前（緑色の棒グラフ）と改訂後（黒の折れ線グラフ）の比較。改訂前は、18世紀以降一貫して黒点活動が上昇しているようにも見えるが、改訂後は、17世紀後半を中心とするマウンダー極小期の後は活動度に上昇・下降といった傾向はない。下は産業革命後の、19世紀後半以降の気温の変化。（ベルギー王立天文台SILSOのデータに基づき作図／IPCC第５次評価報告書2013、詳細は下に記載）

Figure 2.17 from Forster, P., V. Ramaswamy, P. Artaxo, T. Berntsen, R. Betts, D.W. Fahey, J. Haywood, J. Lean, D.C. Lowe, G. Myhre, J. Nganga, R. Prinn, G. Raga, M. Schulz and R. Van Dorland, 2007: Changes in Atmospheric Constituents and in Radiative Forcing. In: *Climate Change 2007: The Physical Science Basis. Contribution of Working Group I to the Fourth Assessment Report of the Intergovernmental Panel on Climate Change* [Solomon, S., D. Qin, M. Manning, Z. Chen, M. Marquis, K.B. Averyt, M.Tignor and H.L. Miller (eds.)]. Cambridge University Press, Cambridge, United Kingdom and New York, NY, USA.

Figure TS.6; Figure TS.9 from from Stocker, T.F, D. Qin, G.-K. Plattner, L.V. Alexander, S.K. Allen, N.L. Bindoff, F.-M. Bréon, J.A. Church, U. Cubasch, S. Emori, P. Forster, P. Friedlingstein, N. Gillett, J.M. Gregory, D.L. Hartmann, E. Jansen, B. Kirtman, R. Knutti, K. Krishna Kumar, P. Lemke, J. Marotzke, V. Masson-Delmotte, G.A. Meehl, I.I. Mokhov, S. Piao, V. Ramaswamy, D. Randall, M. Rhein, M. Rojas, C. Sabine, D. Shindell, L.D. Talley, D.G. Vaughan and S.-P. Xie, 2013: Technical Summary. In: *Climate Change 2013: The Physical Science Basis. Contribution of Working Group I to the Fifth Assessment Report of the Intergovernmental Panel on Climate Change* [Stocker, T.F., D. Qin, G.-K. Plattner, M. Tignor, S.K. Allen, J. Boschung, A. Nauels, Y. Xia, V. Bex and P.M. Midgley (eds.)]. Cambridge University Press, Cambridge, United Kingdom and New York, NY, USA.

00年頃までに、以前使われていたデータでの黒点群数（緑色の棒グラフ）が2倍ほどに増えており、これがこの間の太陽活動の上昇を表しているという考え方があったのである。黒点相対数も、群数ほどではないが、やはり上昇傾向を示していた。図5－10（231ページ）には19世紀後半以降の気温の変化も示してあり、確かに気温の上昇傾向と黒点数変動には相関があるように見える。

太陽の黒点は太陽面上にばらばらに現れるわけではなく、固まって現れ、これを黒点群と呼んでいることはすでに述べた。ひとつのかたまりの中には大きな黒点も小さな黒点もあり、それを見る望遠鏡の性能や観測者によって異なる数の黒点が見えることもある。このため、ウォルフが定義した黒点相対数ではこれを補正するための係数を掛けていた。特に古い時代の、黒点観測方法が確立していなかった時代の記録を扱う上では、この係数だけでは十分な精度が得られない可能性もある。

しかし、それに比べ、黒点のかたまりの数、すなわち黒点群数は観測や記録の方法でそれほど変わらないと考えられるため、古い記録を扱う上ではより信頼がおけるとも考えられる。図1－8（41ページ）で、1700年以前は黒点群数しか書かれていないのはそのせいである。

この、黒点群数がマウンダー極小期の後かなりの増加を示しているということを重視する人の主張は、その間、太陽活動が継続的に増大しているため、それが気温上昇にも反映されているというものだ。つまり、温暖化が見られる近年の気温変化においては、ＩＰＣＣが想定している太陽活動の影響は過小評価であり、太陽活動は温暖化においてより重要であるという説である。逆にいえば、化石燃料から排出される二酸化炭素はいわれているほど重要ではないということになる。炭素14データの解析では20世紀後半に顕著に太陽活動が上昇しているとされていたことも、気温の上昇が太陽活動の上昇に大きく影響されているという主張の根拠であった。

正しい黒点数の変動は

しかし近年、黒点観測の古いデータについては、以前知られていなかったものが発掘されて、より多くの観測結果を使って黒点数の変動を調べられるようになってきた。また、黒点の組織的な観測が始まって以降のデータも、長い蓄積を振り返って統計的に見ることができるようになってくると、観測者などの違いによって黒点を多く見積もっていたり少なく見積もっていたりすることがあることが分かってきた。

そこで、ベルギー王立天文台では、新しく見つかったデータやすでにあるデータの見直しまで含めて、過去の黒点観測全体を見直す作業を行った。後で紹介するように、現在ベルギー王立天文台は、世界の黒点データをまとめて基準となる黒点数を発表しており、その役割を担う「黒点数・太陽長期観測世界データセンター（ＳＩＬＳＯ）」という組織がある。

その見直し作業の成果として、２０１５年、従来指摘されていた問題点を解消したより信頼できる標準黒点数を発表したのである。第１章で紹介したウォルフの研究以来受け継がれてきた黒点の統計の、全面的な改訂であった。

改訂値では、黒点数全体のスケールさえも変わっていて、黒点数の数値が１・６〜１・７倍くらいになっている。数字だけ見ると、一見、太陽活動が大変活発になったのかと思いそうだが、そういうことではない。なお、黒点数として出ているグラフはまだ新旧の数値どちらを使ったものもあるようだが、年ごとの黒点相対数の最大値が２００程度以下になっていたら古い数値、３００近くになっていたら新しい数値である。

もともと基準としていたウォルフの観測方法というのが実は独特で、小さい黒点は数に入れないなど独自の基準で黒点のスケッチを取っていたため、同じような望遠鏡での他の観測に比べ黒点数がずいぶん小さく算出されていた。このため、見えた黒点は全部数えるという、ウォルフよりも後では当たり前で現在も続いている方法で得られた他の観測データをウォルフの観測に合わせようとすると、約０・６倍にしなければならなかった。だが、この時の改訂でそれをやめたので、全体として約１・６〜１・７倍になったというわけである。

全体の改訂とは別に、時期による黒点数見積もりの揺れも修正されたのだが、特に修正が大きかったのが20世紀後半である。当時、19世紀のウォルフ以降世界の黒点数統計の中心であったチューリッヒにおいて、スイスの天文学者マックス・ワルドマイヤーが責任者となって黒点数統計を進めていたのだが、後になってみると、その頃の黒点数が２割ほどそれまでより大きく出されていたことが分かったのである。ウォルフもワルドマイヤーも、世界の黒点のデータをまとめる中心であったチューリッヒの天文台で黒点の出現の研究を牽引した存在であったが、ともに後でその統計方法の見直しが必要になってしまったことになる。

ワルドマイヤーの黒点研究手法はあまりに保守的で、天文台を運営していたチューリッヒ工科大学の中で反発を招いていた。このため、ワルドマイヤーが１９８０年に引退したのを機に天文台は解散されてしまい、黒点数とりまとめの中心がなくなってしまうという事態になった。そこで、国際天文学連合で相談が行われ、その結果、新たにベルギー王立天文台が黒点数統計を担うこととなり、現在まで世界の黒点統計の中心となっている。

とりまとめ作業がベルギーに移って担当者が変更になったことなどが原因で、その後もしばらく数値が大きく出る傾向が続いたことも分かり、これによる黒点の見かけ上の増減も補正された。その結果、特に20世紀後半の黒点数は以前よりも相対的に少なく見積もられることになった。

改めて黒点数と気温を比べてみると

図5 - 10（231ページ）にある新しくまとめられた黒点群数（黒の折れ線グラフ）を見ると、以前の統計でマウンダー極小期終了後に見えていた上昇傾向は見かけのものであり、マウンダー極小期終了から現在に至るまで、一方的な増加も減少もなさそうであることが分かった。黒点相対数も、新しい統計ではやはり均せばあまり変化しておらず、黒点群数とよく整合している。

以前の統計では、20世紀後半は400年の黒点観測の中でも最高の活動度となっていたため、20世紀後半を特に太陽活動が活発な時期と見なす考え方もあった。しかし、新しい結果では18世紀と同じくらいで19世紀よりやや高いという程度である。第4章で紹介したように、宇宙線の痕跡から得られた、20世紀後半が最近2000年間で最大といった結果は必ずしも現在では信じられていない。つまり、太陽活動がマウンダー極小期終了以降、ずっと上昇傾向にあるのと軌を一にして気温が上がっているとはいえなくなったわけである。

この黒点数の改訂は2015年にハワイで開催された国際天文学連合の総会でも紹介された。するとすぐにマスコミが注目し、「地球温暖化には太陽は寄与していないことが分かった！」というような報道も出された。

フレデリック・クレッテによる黒点数改訂のもともとの研究発表は、そのような内容で結論を出すことを意図したものではなかったのだが、国際天文学連合のプレスリリース（2015年8月7日付）は、黒点数改訂そのものより地球温暖化との関係を前面に出したものとなっていた。これをマスコミが報道したわけだが、このことは、太陽への、ではなく、地球温暖化への一般の関心の高さを示しているといえる。

最近の黒点数はどのくらい少ないのか

マウンダー極小期終了以降の300年ほどの間全体で見ると、太陽活動が全体として上がったとか下がったとかいうことはなさそうであることは分かった。しかし、それでも最近の40年間では、黒点数がだんだん減っているのも確かである。

この太陽活動の落ち込みが、今後、地球に影響することはないのだろうか。

確かに、始まってまだ数十年の近代的太陽観測では初めて経験する低調な太陽活動である。本章で見た太陽全体の明るさの変化、太陽磁場の総量、銀河宇宙線量など、このことはいろいろな指標から裏づけられている。

一方、黒点の記録で見て100年ぶりの活動の低さということは、約100年前と同じ程度ということでもある。少なくとも現在再びマウンダー極小期のような大極小期に入っているわけではなく、センセーショナルな報道の印象ほど、現状の太陽活動の水準は下がっているわけではない。

それでも、この活動の低さがさらなる低下の兆候であって将来気候の変動に結びつくのかどうか、あるいは100年前同様、一時的に黒点数がやや減少しているだけでまた元に戻るのかは、地球温暖化が顕在化している現在、大きな関心が持たれる。将来の太陽活動が予測できるほどに太陽のふるまいを解明するのは、太陽の研究者の役割である。そのような研究について次に紹介するが、その前に、太陽活動の気候への影響とは関係なく、太陽の研究者は大きな関心を持ってこの活動低下を見守っていることを紹介したい。

もし、今後さらに太陽の活動が低下するとすれば、マウンダー極小期のような現象を現代の水準の観測装置でとらえる機会になるわけであるし、そのような観測のデータは、なぜマウンダー極小期のような現象が起こるのかを解明するためのカギになるであろう。何しろマウンダー極小期には断片的な黒点の観測しかなかったのだから。

また、近年の活動低下がマウンダー極小期とは関係のない、１００年前の活動期の再現であったとしても意味は大きい。黒点だけにとどまらない太陽の近代的な観測としては、彩層の観測が20世紀の初頭に始まってはいたが、初期の観測はまだまだ不十分で、フレアのデータが系統的に得られたり、様々な太陽活動の基本である磁場のデータが得られたり、宇宙から太陽のX線強度の変動が観測されたり、という充実した観測になってくるのは20世紀の後半からである。

20世紀の中盤以降は、４００年間の黒点観測の中でも、18世紀中盤と並んで太陽が最も活発だった時期であった。つまり、最近の活動低下は活発だった時期が終わって平常レベルに戻っただけかもしれないわけで、そうだとすれば、近代的な観測で初めて平常レベルがどのようなものであるのか知る機会になるわけである。

太陽の内部を知る

このように、太陽が気候に影響し、今後の太陽活動が地球温暖化の議論にも影響する可能性が捨て切れないということであれば、そもそも太陽活動変動がどのように起こっているかを理解し、それに基づいて今後どうなっていくかを予測できれば、今の太陽活動が気候にどう影響するのかの研究に役立つはずである。これは、第2章で紹介したように太陽活動は太陽内部のダイナモ作用で作られた磁場の現れなのだから、ダイナモ作用の変転を理論的に予測するということである。

しかし、ダイナモ作用は直接見ることができない太陽内部の話なので、それは分からないだろうと思われるかもしれない。実際のところは、太陽内部を探ってある程度の情報を得る方法はあり、その結果に基づいてダイナモ作用の再現が試みられている。まだ将来の太陽活動について十分信頼できる予想はできないが、研究が進んでいる。

それでは、望遠鏡で見ても表面しか見えない太陽の内部はどのようにして調べるのであろうか。これには、太陽の振動現象というのを利用する。太陽の表面は、あらゆるところが5分程度の周期で上下している。「5分振動」と呼ばれる現象である。その速度は毎秒最大0・5キロメートル、つまり時速1800キロメートルにもなるので、表面がわずか5分の間に最大40キロメートル程度も上下していることになる。

図5-11のように(誇張してあるが)上がっているところ、下がっているところがあり、

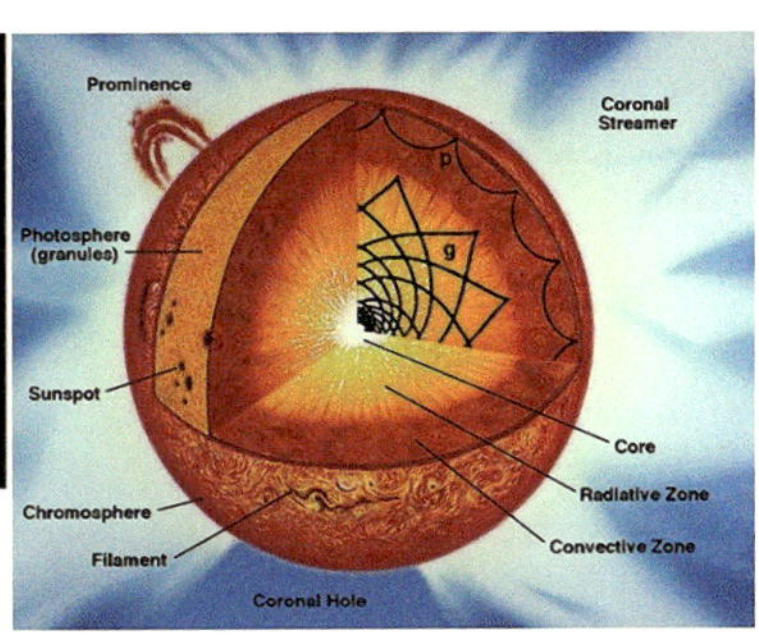

図５-11　太陽の振動の模式図。太陽の表面は常に上下に振動していて、誇張すると左の図のようになっている。太陽内部では振動の波が伝わっている。右の図のように、太陽表面近くの対流層の波は、太陽表面全体へ伝わっていく。(NASA/MSFC, SOHO〈ESA & NASA〉)

太陽全体が膨らんだり縮んだりするのではなくでこぼこになっていて、そのでこぼこ具合が短時間に変化しているわけである。

太陽は地球の１０９倍の直径を持っているので、地球に置き換えれば、地面が５分程度の周期で最大４００メートルも上がったり下がったりしていることになる。地面だと想像しにくいが、海上では大きなうねりを最大１００倍くらいにしたようなものが、あらゆるところで発生しているということにあたるであろうか。

このように太陽の表面は黒点などがなくても激しい動きをしているのだが、これは先に述べた太陽内部の対流というもっと大きな動きによって生じた副産物的なものである。対流によって太陽のプラズマが叩かれることで振動が発生し、その対流はあらゆるところで起こっているので、太陽全面で振動が起こっている。

地球では、地震が起きると震源で発生した振動が広範囲に伝わっていく。この時、振動は地球の内側へ伝わり、屈折したり反射したりして別の場所でまた振動として観測される。この途中の経路は、地球内部の硬さやその分布で決まるので、逆に地震波を詳しく観測すると地球内部のことが分かる。

太陽も同様で、図5-11（241ページ）のように、表面で見える振動は内部を伝わってきたものを見ているので、振動を分析することで太陽内部の状態を知ることができる。具体的には波の伝わり方は、内部の温度や密度で決まる音速と、内部でのプラズマの自転や対流といったものの動きによって決まるので、これらを知ることができることになる。

太陽内部のダイナモ作用とそれによって作られた磁場の進化と表面への現れはもちろん、これら内部の状態と密接に関わっている。ちなみに、第2章で紹介した太陽内部の自転速度や子午面還流の推定や、第3章で紹介した太陽の向こう側の黒点の推測は、この波が伝わることで、直接見えない太陽内部や太陽の向こう側の情報を知ることができることを利用したものである。

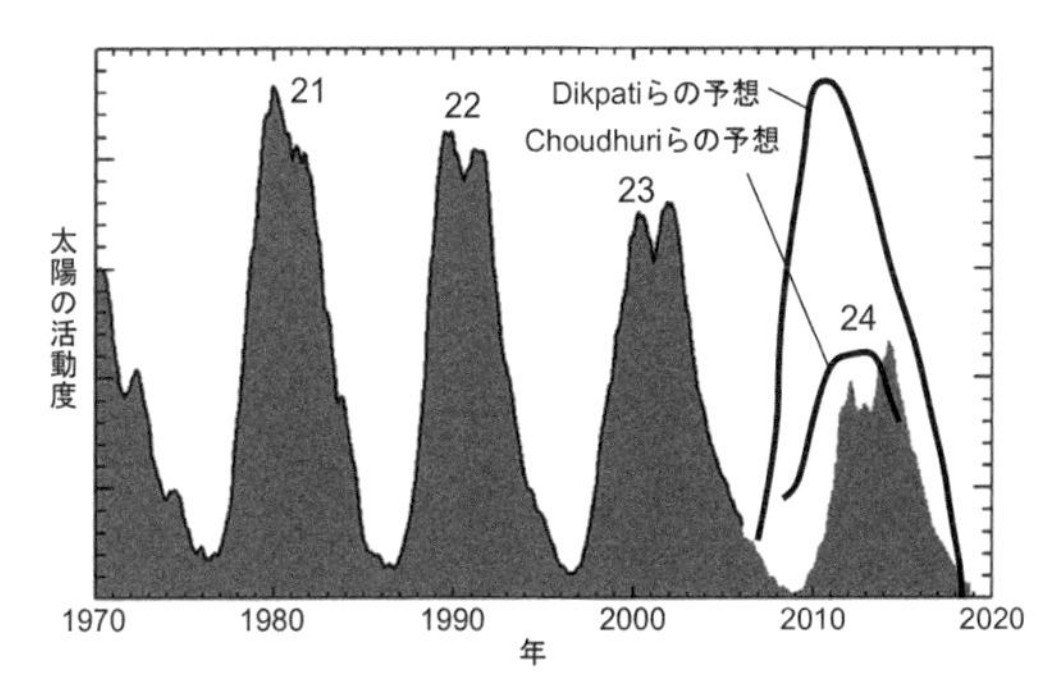

図５-12　2006～2007年に出された、その後10年程度（第24周期）の太陽活動の予測と、実際の太陽の活動の変化。２つの研究で、太陽の活動度について逆の予測が出された。（Dikpati, M. et al. 2006, GRL 33, L05102及びChoudhuri, A.R. et al. 2007, Phys. Rev. Lett. 98, 131103に基づき作図。太陽の活動度はベルギー王立天文台SILSOのデータ）

太陽活動の将来は予測できるか

データの蓄積がだんだん増えてくるにつれ、内部の情報が精密に分かるようになってきたため、これら内部の情報と過去の太陽活動の変動が整合するようなダイナモ活動モデルが作られるようになってきた。そのようなモデルを使えば、将来の太陽活動を計算することも可能である。実際、２０１４年を極大とする第24太陽活動期の状況を、第23期までの情報を用いて計算するという試みが行われた。

ところが、図５-12のように、あるグループは、第24期は第23期を上回る活動になるという計算結果を得る一方、別のグループは第23期をかなり下回るという結果を発表したのである。

このような研究ができる人は世界でもそれほど多いわけではなく、実はもともと師弟だった人のそれぞれが独立して計算を行った結果、太陽活動が活発になるかどうかというところで反対の予想を出したのだった。実際に第24期になってみると、太陽活動は100年ぶりの低さとなった。ただ、第23期をかなり下回るという予測が当たったからといって、これをもって未来の太陽活動の予測ができるような計算方法が確立したとまではいえず、たまたま合っていたわけではないという証拠を積み上げていかなければならない。

ただ重要なのは、以前の、物理法則に基づいたわけではない経験的な予想をしていた状態から、太陽内部の物理的過程に基づく予想へと進化しつつあることである。

かつては将来の太陽活動の予測というと、黒点数や磁場といった表面に現れたものの今までの時間変化のパターンから経験的に次のサイクルの状況を予想していた。例えば活動期の長さ（極小から次の極小まで）が長いと、その次の活動期には黒点が少なくなる傾向があるといったようなことを予想の根拠としていたのである。

これはこれで実際のダイナモ作用の物理を反映しているのであろうが、具体的なしくみは分からない。それが物理法則に則ったダイナモ作用の進化に基づく予想が行えるようになってきたということである。

将来的には、太陽活動の今後を予測して、例えば気候変動予測のための基礎情報を、あるいは第３章で紹介したような太陽嵐の発生確率の予報を提供できるようにすることが太陽の研究者の使命のひとつである。

現在は、その入り口まできた状況だといえる。実際、次の第25期の太陽活動の予測が、いま盛んに行われている。まだ諸説あって予測が確立したとはいえないが、近いうちに、今後の太陽活動の推移が解明されると期待される。

あとがき

まえがきで紹介した大フレアの連発の後、太陽はすっかり静かになってしまい、本書の原稿を書いている間は、黒点がまったく見えない日が多いほどであった。それでも、すでに新たな黒点活動の兆しは現れていて、時折、図2-3（75ページ）にある奇数サイクル（次の太陽活動期は第25期）の磁場配位を持った黒点が姿を見せるようになっている。

太陽の変動が地球に影響しているというのは、研究機関が盛んに情報発信をするようになり、また報道でもよく取り上げられるようになっているので、最近はかなり一般に知られている。

しかし、太陽はもともと天文学の対象として研究されてきた。天文学は、想像を超えるスケールの世界を明らかにする夢のある学問であると同時に、日常生活からはかけ離れているというのが一般的な理解であったと思う。

ところが、今や現代文明への影響を研究するものともなり、現代の天文学が、実は「役に立つ」学問であるということを示す一例となっている。

しかし、こうなるまでには長期にわたる蓄積とそれをもとにした研究があったわけで、このように学問の世界では、役に立つまでには時間がかかることも珍しくない。現在の研究でも、ずっと先になって、初めて実生活との関連が見えてくるものも多いだろう。


本文で紹介したように、太陽の地球への影響の中には宇宙天気という、今見えている太陽での爆発がたちまち地球に影響を及ぼすという面と、宇宙気候という、もしかすると１００年単位の時間でようやく影響が見えてくるという面の両方がある。これらのそれぞれの面に関する地球での現象を扱う研究分野は大きく分かれている。

光文社の小松現さんから、太陽と地球の関係について本を書いてみませんかとお誘いを受けた時、太陽を研究している者としては、この両面を合わせてお伝えすることはできないかと考えた。今まで一般向けなどに講演を行う機会にも、必ず両面の話題を取り上げるようにしてきたので、本書でも読者にその両面に触れていただきたいと考えたのである。

しかし、これらに関わる学問分野は実に幅広い。個々の研究者が専門として実際に研究を行っている範囲は、そのごく一部である。一冊の本の中で広い分野の全体像を描き出すのを試みたが、それを十分果し得たかどうか。

本書で扱ったような分野の研究では、今は広範囲の分野の研究者の連携が欠かせないものになっている。ちょうど今、新学術領域研究という予算の枠組みの中で「太陽地球圏環境予測」という研究プロジェクトが進行中で、太陽から地球までの広い分野の研究者が加わって連携して研究を行っている。

本書執筆中は、その成果が次々発表されているところであった。筆者もそのメンバーの一人として、以前なら接点の少なかった分野の研究に触れ、大いに視野を広げることができた。それが本書に生きていれば幸いである。

本書では、太陽の変動がどう理解されてきたかという歴史的な面についてもかなりページ数を割いて紹介した。科学の世界での変革は早く、新しい発見によって物事に対する考え方がどんどん変わっている。現在分かっていることを知るのはもちろん重要であるが、それは科学的知識の最終的な姿ではない。現在の知識は、新しいものに置き換えられていく運命にある。新たな発見をし、謎を解明していった過程も紹介することで、科学の発展する姿にも触れてもらうことができたなら幸いである。

2019年5月

花岡庸一郎

過去の太陽活動について

Usoskin , I. G. (2017) Living Rev. Sol Phys. 14-3
阿瀬貴博 (2010) 地学雑誌 119, 527
金井豊 (2014) GSJ 地質ニュース 3, 357

過去の気候変動について

永田諒一 (2008) 文化共生学研究 6, 31
秋山雅彦 (2008 〜 2011) 地学教育と科学運動 58 〜 65 掲載の“地球温暖化問題を考える”
小泉格 (2007) 地学雑誌 116, 62
藤井理行 (2005) 地学雑誌 114, 445
日立ハイテク / 中川毅 (2017) らぼすこーぷ 55, 10
気候変動に関する政府間パネル (2007) 第 4 次評価報告書
気候変動に関する政府間パネル (2013) 第 5 次評価報告書

第 5 章

太陽と気候の関係全般について

Haigh, J.D. (2007) Living Rev. Solar Phys. 4, 2
Gray, L.J. et al. (2009) Rev. Geophys. 48, RG4001
Lean, J. (2012) The 2nd Nagoya Workshop on the Relationship between Solar Activity and Climate Changes 講演資料
草野完也他 (2014) J. Plasma Fusion Res. 90, 105-151“小特集宇宙気候学”

太陽放射と環境について

松見豊 (2007) 文部科学省科学技術・学術審議会・資源調査分科会報告書“光資源を活用し、創造する科学技術の振興－持続可能な「光の世紀」に向けて－”第 1 章

黒点数の改訂について

Clette, F. et al. (2014) Sp. Sci. Rev. 186, 35
Berghmans, D. et al. (2006) Beitrage zur Geschichte der Geophysik und Kosmischen Physik, 7, 288

初期の太陽電波観測について

Ham, R.A. (1975) J. Br. Astron. Assoc. 85, 317
Ishiguro, M. et al. (2012) J. Astron. History and Heritage, 15, 213
Pick, M. and Vilmer, N. (2008) Astron. Astrophys. Rev. 16, 1

第２章

太陽全般について

桜井隆、小島正宜、小杉健郎、柴田一成編（2018）太陽（シリーズ現代の天文学第２版第 10 巻）日本評論社

第３章

宇宙天気全般について

http://sw-forum.nict.go.jp/
情報通信研究機構宇宙天気ユーザーズフォーラムウェブページ

初期の電波通信、電波障害について

Westman, H.P. et al. (eds.) (1984) IEEE Trans. CE-30, 113
Traxler, F. and Schlegel, K. (2014) Radio Sci. Bull. 351, 53

日本の古いオーロラ記録について

中沢陽 (1999) 天文月報 92, 94

顕著な宇宙天気現象について

Cid, C. et al. (2014) J. Space Weather Space Clim. 4, A28

宇宙線被ばくについて

文部科学省科学技術・学術政策局放射線安全規制検討会 (2005) "航空機乗務員等の宇宙線被ばくに関する検討について"
環境省 (2014) "放射線による健康影響等に関する統一的な基礎資料（平成 26 年度版）"
佐藤勝 (2014) 第 9 回宇宙天気予報ユーザーズフォーラム講演資料

第４章

ヨーロッパの人口について

高木正道 (1999) 静岡大学経済研究 4, 147

太陽風の発見に関して

Cliver, E.W. (1994) EOS, 75, 139

参考文献

本文や図に記載できなかった参考文献は以下の通りである。本文の複数個所に関係しているもの、広範囲のレビューなどを含んでいる。なお、本文中では外国固有名詞はカタカナで記載したが、その読み方は慣用に従ったものとした。

第1章

黒点観測の歴史について

Casanovas, J. (1997) ASP Conf. Ser. 118, 3
Mitchell, W.M. (1916) Popular Astron. 24, 22-570 "The history of the discovery of the solar spots"
The Galileo Project http://galileo.rice.edu/index.html
Van Helden, A. (1996) Proc. American Phil. Soc. 140, 358
Xu, Z.T. (1990) Phil. Trans. R. Soc. London, Ser A, 330, 513

黒点の周期活動全般について

Hathaway, D.H. (2010) Living Rev. Solar Phys. 7, 1

シュワーベの黒点観測について

Arlt, R. (2011) Astron. Nachr. 332, 805

太陽と地球の現象の関係、磁気嵐の発見等について

Cliver, E.W. (1994) EOS, 75, 569
Cliver, E.W. (1994) EOS, 75, 609
Cliver, E.W. (2006) Ad. Space Res. 38, 119
Lakhina, G.S. and Tsurutani, B.T. (2016) Geosci. Lett. 3-5
Schlegel, K. (2006) Space Weather 4, S01001
Schröder, W. (1997) Planet. Space Sci. 45, 395

日食に関係する太陽についての様々な発見について

Littmann, M., Willcox, K., and Espenak, F. (1999)
http://www.mreclipse.com/Totality2/TotalityApH.html

日本における初期の宇宙線研究について

高橋慶太郎、西村純 (2016) 天文月報 109, 289

初期の太陽X線・紫外線観測について

Friedman, H. (1963) Ann. Rev. Astron. Astrophys. 1, 59

本文図版制作　デザイン・プレイス・デマンド

※本書では図版使用に関してできる限り許諾申請を行い、ほぼすべての図版について承諾を得ました。しかし、一部の図版について著作権の所在が不明のものがありました。許諾を得た際にはすみやかに対処いたします。

花岡庸一郎（はなおかよういちろう）
1961年長野県松本市生まれ。国立天文台准教授（太陽観測科学プロジェクト）。京都大学理学部卒・同大学院博士課程修了、理学博士。日本学術振興会特別研究員を経て国立天文台に移り、助手として野辺山太陽電波観測所に勤務。その後、助教授、配置換え等を経て、現在は国立天文台三鷹キャンパスで行っている太陽観測の統括を担っている。著書に『シリーズ現代の天文学・太陽』（日本評論社、共著）などがある。

太陽は地球と人類にどう影響を与えているか

2019年6月30日初版1刷発行
2019年7月15日　2刷発行

著　者 ── 花岡庸一郎
発行者 ── 田邉浩司
装　幀 ── アラン・チャン
印刷所 ── 堀内印刷
製本所 ── 榎本製本
発行所 ── 株式会社 光文社
東京都文京区音羽1-16-6（〒112-8011）
https://www.kobunsha.com/
電　話 ── 編集部03(5395)8289 書籍販売部03(5395)8116
業務部03(5395)8125
メール ── sinsyo@kobunsha.com

 ISBN 978-4-334-04417-6

光文社新書

1010
愛する意味
上田紀行

あなたはなぜ、愛の不毛地帯にいるのか――長年、生きる意味を見失った現代社会への提言を続けている文化人類学者による、生きる意味の核心である「愛」に関する熱烈な考察。

978-4-334-04416-9

1011
太陽は地球と人類にどう影響を与えているか
花岡庸一郎

太陽は変化しない退屈な星?――「変わらない存在」として認識されてきた太陽が、いま、「変わる存在」として社会で注目を集めている。豊富な観測データで綴る「太陽物理学」入門。

978-4-334-04417-6

1012
女医問題ぶった斬り!
女性減点入試の真犯人
筒井冨美

医学部人気の過熱で女医率も高まる中、なぜ「女医は要らない」と言われてしまうのか。女医は医療崩壊の元凶か、救世主となるか? フリーランスの麻酔科女医が舌鋒鋭く分析する。

978-4-334-04418-3

1013
喪失学
「ロス後」をどう生きるか?
坂口幸弘

家族やペットとの死別、病、老化……私たちは「心の穴」とともに歩んで行く。死生学、悲嘆ケアの知見、当事者それぞれの向き合い方を学ぶ。過去の喪失から自分を知るワーク付き。

978-4-334-04419-0

1014
「ことば」の平成論
天皇、広告、ITをめぐる私社会学
鈴木洋仁

天皇陛下のおことば、ITと広告をめぐる言説、野球とサッカーが辿った道……。「平成」の形を、同時代に語られた「ことば」を基に探る極私的平成論。本郷和人氏推薦。

978-4-334-04420-6